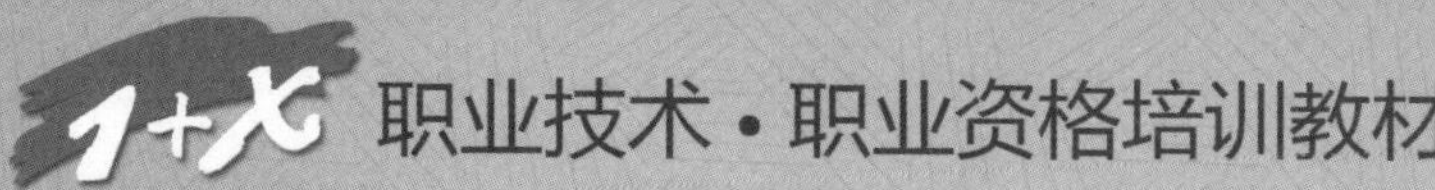

美发师

四级（第2版）

MEIFASHI

主　编　何俊良

编　者　杨守国　刘天翔　汪朕宇

主　审　陈林声

审　稿　钱敏敏　马祥银　施国童　刘学奎

中国劳动社会保障出版社

图书在版编目(CIP)数据

美发师：四级/上海市职业技能鉴定中心组织编写．—2版．—北京：中国劳动社会保障出版社，2013

1+X职业技术·职业资格培训教材

ISBN 978-7-5167-0645-9

Ⅰ.①美… Ⅱ.①上… Ⅲ.①理发-职业技能-鉴定-教材 Ⅳ.①TS974.2

中国版本图书馆CIP数据核字（2013）第244431号

中国劳动社会保障出版社出版发行

（北京市惠新东街1号 邮政编码：100029）

*

三河市潮河印业有限公司印刷装订 新华书店经销

787毫米×1092毫米 16开本 18.5印张 293千字

2014年2月第2版 2014年2月第1次印刷

定价：58.00 元

读者服务部电话：(010)64929211/64921644/84643933

发行部电话：(010)64961894

出版社网址：http://www.class.com.cn

内容简介

本教材由人力资源和社会保障部教材办公室、中国就业培训技术指导中心上海分中心、上海市职业技能鉴定中心依据上海1+X美发师（四级）职业技能鉴定细目组织编写。教材从强化培养操作技能，掌握实用技术的角度出发，较好地体现了当前最新的实用知识与操作技术，对于提高从业人员基本素质，掌握美发师的核心知识与技能有直接的帮助和指导作用。

本教材在编写中根据本职业的工作特点，以能力培养为根本出发点，采用模块化的编写方式。全书共分为8章，内容包括服务礼仪、美发常识、发型修剪、吹风造型、烫发、染发、剃须修面、接发。

本教材可作为美发师（四级）职业技能培训与鉴定考核教材，也可供全国中、高等职业院校相关专业师生参考使用，以及本职业从业人员培训使用。

改版说明

《1+X职业技术·职业资格培训教材——美发师（中级）》自2004年出版以来，受到广大学员和从业者的欢迎，在美发师职业技能培训和资格鉴定考试过程中发挥了巨大作用。然而，随着行业的迅速发展，美发行业从业人员需要掌握的职业技能有了新的要求，原有美发师职业技能培训和资格鉴定考试的理论及技能操作题库也进行相应提升。为此，人力资源和社会保障部与上海市职业技能鉴定中心组织相关方面的专家和技术人员，依据新版美发师职业技能鉴定细目对教材进行了改版，使之更好地适应社会的发展和行业的需要，更好地为从业人员和广大读者服务。

第2版教材以美发行业的发展为导向，适应时尚创新和市场流行的需求，以模块化方式编写，从易到难、循序渐进、科学合理。本教材扩充了很多操作实例方面的内容，各操作步骤和技术要点都用图片形式清晰说明，使学员更迅速、直观地掌握相关技能操作方法。

由于时间紧迫，编写较为仓促，教材中难免存在不足和漏洞，欢迎读者及业内同仁批评指正。

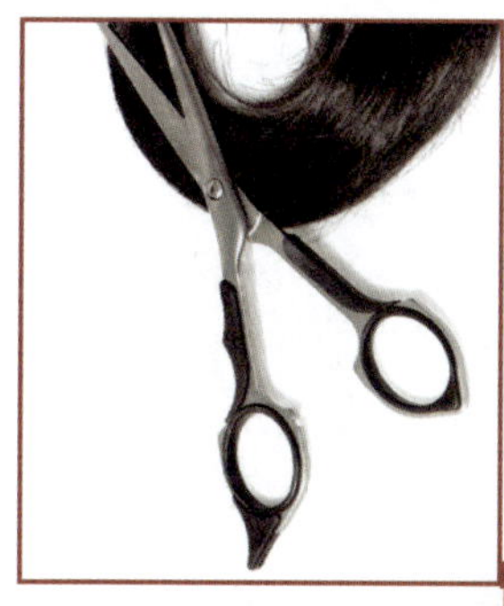

前　言　Preface

职业培训制度的积极推进，尤其是职业资格证书制度的推行，为广大劳动者系统地学习相关职业的知识和技能，提高就业能力、工作能力和职业转换能力提供了可能，同时也为企业选择适应生产需要的合格劳动者提供了依据。

随着我国科学技术的飞速发展和产业结构的不断调整，各种新兴职业应运而生，传统职业中也越来越多、越来越快地融进了各种新知识、新技术和新工艺。因此，加快培养合格的、适应现代化建设要求的高技能人才就显得尤为迫切。近年来，上海市在加快高技能人才建设方面进行了有益的探索，积累了丰富而宝贵的经验。为优化人力资源结构，加快高技能人才队伍建设，上海市人力资源和社会保障局在提升职业标准、完善技能鉴定方面做了积极的探索和尝试，推出了1+X培训与鉴定模式。1+X中的1代表国家职业标准，X是为适应上海市经济发展的需要，对职业的部分知识和技能要求进行的扩充和更新。随着经济发展和技术进步，X将不断被赋予新的内涵，不断得到深化和提升。

上海市1+X培训与鉴定模式，得到了国家人力资源和社会保障部的支持和肯定。为配合上海市开展的1+X培训与鉴定的需要，人力资源和社会保障部教材办公室、中国就业培训技术指导中心上海分中心、上海市职业技能鉴定中心联合组织有关方面的专家、技术人员共同编写了职业技术·职业资格培训系列教材。

职业技术·职业资格培训教材严格按照1+X鉴定考核

细目进行编写，教材内容充分反映了当前从事职业活动所需要的核心知识与技能，较好地体现了适用性、先进性与前瞻性。聘请编写1+X鉴定考核细目的专家以及相关行业的专家参与教材的编审工作，保证了教材内容的科学性及与鉴定考核细目以及题库的紧密衔接。

职业技术·职业资格培训教材突出了适应职业技能培训的特色，使读者通过学习与培训，不仅有助于通过鉴定考核，而且能够有针对性地进行系统学习，真正掌握本职业的核心技术与操作技能，从而实现从懂得了什么到会做什么的飞跃。

职业技术·职业资格培训教材立足于国家职业标准，也可为全国其他省市开展新职业、新技术职业培训和鉴定考核，以及高技能人才培养提供借鉴或参考。

新教材的编写是一项探索性工作，由于时间紧迫，不足之处在所难免，欢迎各使用单位及个人对教材提出宝贵意见和建议，以便教材修订时补充更正。

人力资源和社会保障部教材办公室

中国就业培训技术指导中心上海分中心

上海市职业技能鉴定中心

目　录 Contents

第1章　服务礼仪

第2章　美发常识

第3章　发型修剪

第4章　吹风造型

第5章　烫　　发

第6章　染　　发

第7章　剃须修面

第8章　接　　发

第 1 章　服务礼仪

第1节　沟通技巧与心理学常识
第2节　美发师的素质与形象

第 1 节　沟通技巧与心理学常识

学习目标

- 了解服务前沟通的相关常识及心理知识
- 掌握了解顾客的技巧

知识要求

一、心理学常识

1. 顾客进入美发厅的目的

人在进入成年之后，大都不愿意让不熟悉的人去摸自己的头。但有一种情况例外，就是进美发厅理发，顾客会自觉自愿地让美发师为其设计发型。这样在美发师和顾客之间就形成了一种非常特殊的亲密关系。所以，美发厅服务接待工作中，如何掌握顾客心理，与其沟通提高服务质量，也是美发师的一门必修课。

顾客可以和美发师在服务过程中长时间交谈、聊天，甚至分享快乐和忧愁。这时，美发师就应该变成顾客的心理按摩师，做一个真诚的倾听者或分享者。成熟的美发师会很好地抓住这一点，来提高自己的工作成绩。那么顾客进美发厅的目的是什么呢？她（他）们的需求又是什么呢？

（1）修整。人的头发每月生长1～2 cm，因此短发若要保持住发型的最佳效果（尤其是男士短发）就要每隔25～30天修剪一次。进美发厅的顾客大多都有这种要求，他们不愿随意更换美发师，这就形成了美发厅的“老顾客群”。他们一般要求服务快捷、迅速、熟练。

（2）交际。每到重要场合，人们都会修饰一番，以体现对他人的尊重。随着社会生活的丰富，人们的交际活动越来越多，更加注重自身的形象，特别是城市生活的时尚派对中，合适的发型也是社交活动的重要组成部分。

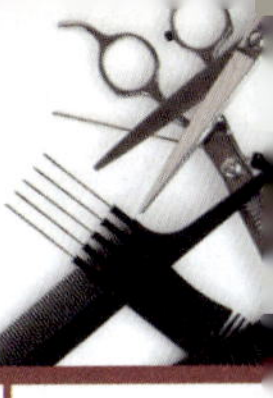

2. 顾客心目中的自我形象要求

在了解了顾客进美发厅的目的之后，美发师往往会根据顾客的年龄、体型、发质等状况进行主观设计。那么顾客心目中的自我形象要求是怎样的？根据这些心理状况，美发师又应该有哪些表示呢？

（1）美丽。通过发型的改变来让自己变得美丽潇洒，是大多数人的愿望，但美丽是内在与外在的和谐统一。因此，美发师在与顾客的交流中，应该尽量发觉顾客的内在美与外在美，并表示出由衷的赞叹，让顾客增加自信心，顾客也会更加喜欢为其服务的美发师。

（2）年轻。成年人谁都不希望自己看起来比实际年龄大，美发师可以通过自己的专业技巧，对发型的改变，让顾客看起来年轻几岁，更加精神抖擞。

（3）时髦。落后于时代的发型常被认为是守旧的表现，发型所体现出来的时尚感往往为爱美的年轻人所追逐。所以对于衣着光鲜、行为前卫的年轻人，可以把本行业中最时尚的元素加入到他们的发型中去，并在交谈中把相关的咨询与明星联系起来，时尚的男女就会感觉相当好。

（4）和谐。多数中老年人对发型设计的追求往往与他们的身份、地位相协调，而他们是不会把个人的情况告诉别人的，对自己发型的要求也是寥寥数语，因此，为其服务的美发师要表现出充分的尊重才能博取他们的信任，以了解其真正的需要。

二、顾客的心理

1. 少年儿童的心理

孩子们一般对发型没有过多的要求，美发师在修剪时一定要多听取父母的意见，体现其活泼的个性就可以了。对于孩子，美发师一定不要掉以轻心，你的下一个顾客可能就是他的爸爸、妈妈。

2. 年轻人的心理

年轻人总是追求时尚的，因此流行的观念在他们中间最能推广开来。这是进行染发、烫发、护发、剪发等项目推荐的关键人群。他们的发型设计要易于自行

梳理和变化，以适应不同场合的需求，而且往往一个概念产品能令他们激动不已，如陶瓷烫、造型发泥、蓬蓬粉，等等。因此，他们也是推广产品的关键人群。

3. 中年人的心理

中年人要求的发型往往是干净利落、易于梳理，并且要体现出职业感和稳重大方的心理优势，因此应该大力推荐烫发和护发项目。对于渴望留驻青春、惧怕老气横秋的中年女性，不要推荐她们染黑发，而应该推荐她们一些深暗的彩色染发，这更符合她们稳重又不失优雅的气质。

4. 老年人的心理

因为进入暮年，因此喜欢别人夸他们年轻，美发师们一定要注意这一点才能够博得老年人的信任。因为年龄大了会脱发，而老年人喜欢自己的发量看起来多一点，因此吹风的工作一定要做好，要增加发量，还应该给老年人推荐烫发的项目。

三、询问顾客的方式与技巧

1. 常见的询问方式

询问是有技巧的，在向客户发问时，要注意发问的方式。运用比较普遍的询问方式主要有两种：开放式和封闭式。

（1）开放式询问。开放式询问方法又分为“直接询问”和“间接询问”，一般在跟客户刚开始接触，话题不多时使用这种方式，可以引出很多对美发师有利的话题和信息，也不至于冷场。

【例1–1】想了解客户喜欢什么类型的发型

直接询问——“您好！请问平时喜欢什么风格的造型？”

间接询问——“您好！不知道你对某某明星的最新造型感觉如何？”

通过这种提问方式，美发师可以非常有效地获取对方的真实想法，可以根据对方的回答把握住对方的兴趣点和关注点，在开展具体操作时就比较有针对性了。

（2）封闭式询问。当无法对客户的意图做出准确判断时，需要用到这种方

式来了解对方的最终想法。比如是或否的提问方式、二选一的提问方式。切记在刚开始交谈时不要采用这种发问方式，因为这种发问的回答很简单，容易导致没有话题而冷场。

【例1–2】关于“是否”的询问

“您好！您近期是否有烫染的打算？店里正好在搞活动。”

“您好！您的发质受损比较严重，是否需要做下护理？”

【例1–3】关于“二选一”的询问

有一个经典的小故事：“您需要一个鸡蛋还是两个鸡蛋？”这种发问方式是类似的。

“您好！您想按照原样修一修，还是换个新的造型？”

“您好！您想吹个造型还是吹直就好？”

以上为两种询问方式的举例，美发师在刚开场时为避免冷场，要以使用“开放式”的发问方式为主，当对对方的某个意图难以判断时，即可使用“封闭式”的发问方式。值得注意的是，在具体实践时，这些方式是需要灵活运用的，不能教条式使用。

2. 询问与引导

大部分顾客对产品都不是很在行，往往难以陈述自己的真正需求，而且有的顾客又不喜欢主动说话，所以需要美发师去询问和引导。

（1）问的准则。不得让顾客感觉被侵犯、受到委屈，甚至是被伤害。

（2）问的目的。找出某些产品及服务来满足顾客需求，但不是其全部需求。

（3）问的原则。不连续发问，避免令顾客不能轻松地回答；先问容易的，再问困难的；问的内容及方式应有助于销售；问和陈述的内容，一般应与顾客需求有关。必要时要问一些与产品无关的问题来消除顾客的戒心。

例如，“您好！您的气质、打扮真是高贵大方，您这衣服一定很贵吧？”

（4）问的过程

1）应景式询问。根据“望”“闻”的判断，询问顾客的潜在想法。比如根据顾客的气质、顾客的穿着等判断其潜在需求。

2）探询式询问。问出顾客以前的相关经历、困难、不满。

例如，“您好！您比较喜欢长发还是短发？”

3）关联式询问。明确顾客目前的困难或不满。

例如，“您好！您对现在的发型满意吗？”

4）引导式询问。提出本店的产品可以满足和解决顾客需要的解决方案供顾客做出判断。

例如，“您好！本店有针对您发质的护发产品，想尝试一下吗？”

5）确认式询问。让顾客清楚表达其想法。

例如，“您好！您需要什么服务项目？”

值得注意的是，问的目的是得知顾客的真正想法，因顾客类型、情景不同，问法也各不相同，要会灵活变通。

四、与顾客沟通的技巧

1. 微笑服务

微笑是对顾客最好的欢迎。微笑是生命的一种呈现，也是工作成功的象征。所以当迎接顾客时，哪怕只是一声轻轻的问候也要送上一个真诚微笑的表情。将自己的情感讯号传达给对方。即便说“欢迎光临”“感谢您的惠顾”都要轻轻地送上一个微笑，这给人的感受是完全不同的。不要让冰冷的肢体语言遮住你的微笑。

2. 保持积极的态度

保持积极的态度，树立“顾客永远是对的”理念。不管是不是顾客的错，都应该及时解决问题，而不是回避、推脱之类的解决办法。要积极主动与顾客进行沟通。对顾客的不满要反应敏感积极，尽量让顾客觉得自己是受重视的。尽快处理顾客反馈意见，让顾客感受到尊重与重视。与顾客之间除了金钱交易之外，更应该让顾客感觉到消费的乐趣和满足。

3. 礼貌待客

让顾客真正感受到“上帝”的尊重。顾客进门先来一句“欢迎光临，请多多关照”或者“欢迎光临，请问有什么可以帮忙吗”。诚心致意，会让人有一种亲切感，并且可以先培养一下感情，这样顾客的心理抵抗力就会减弱甚至消失。有时顾客只是随便到店里看看，也要诚心地说声："感谢光临本店！"对于彬彬有礼、礼貌非凡的店主，谁都会备感亲切。诚心致谢是一种心理投资，不需要很大代价，就可以收到非常好的效果。

4. 坚守诚信

"做事，先学会做人！"很值得人深思的一句话。大家可以好好体会一下其中含义，要用一颗诚挚的心，像对待朋友一样对待顾客。诚信决定了你做事的成败。

5. 凡事留有余地

在与顾客交流中，不要用"肯定""保证""绝对"等字眼，用"尽量""努力""争取"等，效果会更好。多给顾客一点真诚，也给自己留有一点余地。

6. 为顾客着想

学会为顾客着想，用诚心打动顾客。

让顾客满意，重要一点就体现在真正为顾客着想。处处站在对方的立场，想顾客所想。以诚感人，以心引导人，这是最成功的引导"上帝"的方法。

7. 多虚心请教，学习听的艺术

当顾客上门的时候还不能马上判断顾客的来意与需求，需要仔细对顾客定位，了解顾客属于哪一类消费者，例如学生、白领等。尽量了解顾客的需求与期待，努力做到只介绍对的不介绍贵的，做到以客为尊，满足顾客需求。

8. 培养耐心与热情

常常会遇到一些顾客，喜欢打破砂锅问到底。这时候就需要耐心热情的细心回复，会给顾客信任感。不能表现出不耐烦，就算不消费也要说声"欢迎下次光临"。如果服务好，有可能吸引其再来消费。砍价的顾客也是常遇到，砍价是买家的天性，可以理解。在彼此能够接受的范围可以适当让一点，如果确实不行也应该婉转回绝。比如说，"真的很抱歉，没能让您满意，请留下您的

联系方式，下次有优惠活动我会及时通知您的”。总之，要让顾客感觉到热情真诚，千万不可以说“我这里不还价”“没有”等伤害顾客自尊的话语。

五、了解顾客服务需求并做相应介绍

1. 根据顾客个性分析

（1）文静型。其性格内向，不爱表达自己的想法，所以美发师应主动开启话题，了解他们的需要，同样因为不善表达，顾客的自我要求与美发师的设计要求就很难统一起来，所以满意度差，给人感觉比较挑剔。其所谓的挑剔多是因为交流沟通不够所致，但这类顾客一旦满意，一定会成为店里的老顾客。

（2）活泼型。这类顾客因为表达明确，所以要求较高、配合较好，美发师应该有较多的耐心去听他们的美发经历，以及他们对美发师所提出的各类发型建议和担心，甚至他们的不满意也会毫无顾忌地说出来。

（3）洒脱型。这类顾客不太在意自己的形象问题，他们认为自己本身就是名牌，因为他们见多识广，可能对本行业了解较多，所以会带来很多信息，又因为他们的洒脱，他们可能只能成为一次性顾客。

（4）执着型。这类顾客对于美发师非常地执着，甚至认为只有一个美发师适合他们，他们不会轻易改变，而一旦改变就又会发扬他们执着固执的个性。这种类型的顾客可以说是忠诚度最高的。

2. 根据顾客发质分析

（1）柔软的头发。这种头发是很容易打理的，不论哪一款发型，做起来都很简单。由于柔软的头发较服帖，建议最好将头发剪短，尝试俏丽、个性化的短发。

（2）自然的卷发。有些人很讨厌自己一头天然卷发，总觉得怎样打理都不满意。其实，利用自然的卷发能做出各种漂亮的发型。建议将头发留长，这样才能显示其自然的卷曲美。如果将头发剪短，自然的卷曲就不太明显了。

（3）细少的头发。这样的发质，建议留长发，以便可将头发梳成发髻。有不少人认为发髻缺乏时代感，其实不然。发髻梳在头顶部，较适合正式场合；梳

在脑后，适合家居；而梳在后颈，则显得高贵典雅。如能辅之以假发、头饰，时尚的元素就随之而来了。

（4）粗硬的头发。这种发质较难打理造型，但易修剪成型，所以在设计发型时应侧重于修剪技巧，做到既简单又高雅大方。另外，对拥有粗硬发质的顾客，在设计发型之前，应考虑用碱性烫发剂将头发软化一下，使头发略带波浪，以便展现发型的柔美感。

六、注意事项

1. 美发师的语言禁忌

（1）说话时，眼睛不看着顾客，会暴露出内心的胆怯心理，使顾客产生怀疑，因此要克服畏惧心理，讲话时要用自然的眼光看着对方，但目光要时常移动，不要总盯着一个部位，保持并显示出自信。

（2）不要神态紧张，口齿不清。

（3）站姿要准确，不要有小动作，如两脚来回抖动等。

（4）与顾客讲话时不要东张西望或打哈欠，这样会显得无精打采。更不要打断顾客的谈话，美发师没有听清或没有理解的地方，最好用笔记下来，等顾客讲完后再询问。

（5）讲话时不要夹带不良口头语或说话时唾沫四溅。

（6）切忌夸夸其谈，忘乎所以，推销要言简意赅、一针见血。要有针对性地强调主要特点，不要泛泛地罗列优点。为加深顾客印象，优点要逐一介绍，而不要将几条几点概括在一起介绍。

（7）切忌谈论顾客的生理缺陷。

（8）说话时正确地使用停顿。

2. 给顾客准确的推荐

不是所有的顾客对美发专业知识都是了解和熟悉的。在回答咨询过程中，要用自己的专业知识为顾客解答，帮助顾客找到适合的发型等，不能一问三不知，这样会让顾客感觉不到信任感，谁也不会在这样的店里做美发项目。

3. 应根据不同顾客的性别、年龄选择恰当的称谓

人称语：小姐、夫人、太太、先生、小朋友等。

第 2 节　美发师的素质与形象

学习目标

- 掌握美发师的职业素养
- 掌握美发师所应具备的个人形象

知识要求

一、美发师的素质

1. 美发师的职业道德

美发师的职业道德是美发职业工作中的具体表现。全心全意为人民服务就是美发职业道德的核心内容。美发师在自己的岗位上要忠于职守、钻研业务，尽心尽力地完成工作任务，这是热爱本职工作，有事业心和责任感的良好职业道德的具体表现。一名优秀的美发师不但要有精湛的技术，而且要在思想道德等方面有较高的修养，才能经得起实际工作的磨炼与考验。

2. 美发师应具备的素养

热爱本职工作，首先要做到诚实守信、爱岗敬业、守职尽责，而且更要有注重效率的服务意识。对自己所从事的专业要充满自信，对工作要认真负责，刻苦钻研技术，认真学习美发知识和技能，不断提到理论水平和实践操作能力，以精湛高超的技艺和高尚的道德修养做好美发师的工作。

二、美发师的个人形象

1. 美发师的仪表和仪态

一名优秀的美发师不但要在道德、技艺、思想等方面有高度的修养，而且还

要有良好的个人形象。良好的个人形象不仅能增强美发师的自信心和自我表现能力，还会增强顾客的信任感。良好的形象反映在个人外在的仪表、仪态方面，更反映出内在的个人素质。良好的个人形象可以通过不断的训练和修饰来获得。

（1）仪表。仪表是指个人的容貌、举止和姿态。美发师的仪表是指美发师在工作当中所表现出的容貌、举止和姿态，也是美发师本人生活水平及个人素质修养的外在表现。整洁美观的容貌、落落大方的举止、文雅适度的谈吐和优美舒展的姿态不但能给顾客留下美好的印象，使顾客产生信任感，也是一家美发厅管理水平高低的具体表现。

（2）仪态。仪态是指人们在交际活动中所表现出来的姿态和风度。美发师的仪态是指美发师在服务工作中的举止。美发师的仪态非常重要，优雅的仪态不仅能保持良好的工作效率，也会给人以美的感觉。

1）站姿。美发师工作时大部分时间是站着操作的，其基本站姿正确与否就显得非常重要。

正确的站立姿势是：挺胸收腹，双眼平视，颈部伸直，两肩自然下垂，双手不要叉腰，不插袋，不抱胸。男士双脚平行分开与肩同宽站立，女士双腿并拢，双脚呈“V”字形或“丁”字形站立，如图1—1所示。

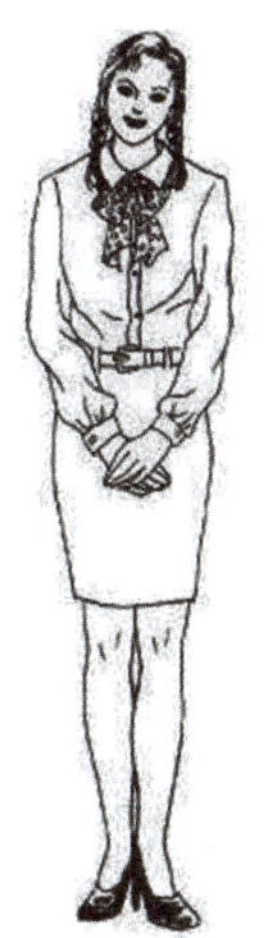

图1—1　站姿

2）坐姿。正确的坐姿应该是：上身保持站立时的姿态，将双膝靠拢，两腿不分开或略分开。女士双膝应尽量靠拢，如图1—2所示。

图1—2　坐姿

3）走姿。正确的走姿是：身体挺直，保持站立时的姿态，不左右摆动、摇头晃肩或斜肩。双臂前后自然摆动，幅度不可太大。美发师工作时的步伐要轻、稳、灵活。

2. 礼貌用语

美发厅的礼貌服务是美发服务的一个重要组成部分，美发师一定要学会礼貌用语，礼貌用语是服务质量的具体体现。礼貌用语不仅能反映出美发师的个人素质、文化程度和修养，还体现出美发厅的档次高低。美发师在与顾客交谈时，语言要亲切，态度要和蔼，语调要自然，说话要清晰，音量要适中，答话要迅速、准确，切忌心不在焉或有不耐烦的情绪。

测　试　题

一、判断题（请将判断结果填入括号中，正确的填“√”，错误的填“×”）

1. 美发厅服务接待工作中，如何掌握顾客心理，与其沟通提高服务质量，也是美发师的一门必修课。（　）

2. 成熟的美发师应该变成顾客的心理按摩师，做一个真诚的倾听者或分享者。（ ）

3. 高昂的薪水是生命的一种呈现，也是工作成功的象征。（ ）

4. 诚心致谢是一种心理投资，不需要很大代价，就可以收到非常好的效果。（ ）

5. 美发师在为少年儿童修剪时，一定要多听顾客的意见，体现其活泼的个性就可以了。（ ）

6. 全心全意为人民服务就是美发职业道德的基本常识。（ ）

7. 美发师的仪表是指美发师在工作当中所表现出的容貌、举止和姿态，也是美发师本人生活水平及个人素质修养的内在表现。（ ）

8. 应该推荐年轻人染一些深暗的彩色染发，这更符合她们稳重又不失优雅的气质。（ ）

9. 询问是有技巧的，运用比较普遍的询问方式主要有两种：开放式和封闭式。（ ）

10. 开放式询问方法又分为“直接询问”和“间接询问”。（ ）

11. 在咨询过程中，只有熟悉自己的专业知识，才能更好地为顾客解答。（ ）

12. 当无法对客户的意图做出准确判断时，需要用到开放式询问来了解对方的最终想法。（ ）

13. 一名优秀的美发师不但要在道德、技艺、思想等方面有高度的修养，而且还要有良好的个人形象。（ ）

14. “您好！您的发质受损比较严重，是否需要做下护理？”属于开放式询问。（ ）

15. 推销要言简意赅、一针见血。要有针对性地强调主要特点，不要泛泛地罗列优点。（ ）

16. 问的目的：找出某些产品及服务来满足顾客的全部需求。（ ）

17. 问的原则：不连续发问，避免令顾客不能轻松地回答。（ ）

18. 说话时，眼睛不看着顾客会暴露出内心的胆怯心理，使顾客产生怀疑。（ ）

19. 如果不是顾客的错，应该及时解决，而不是回避、推脱之类的解决办法。（　）

20. 因为执着型的顾客性格内向，不爱表达自己的想法，所以美发师应主动开启话题了解他们的需要。（　）

二、单项选择题（选择一个正确的答案，将相应的字母填入括号中）

1. 人的头发每月生长（　）cm。

A. 1～2　B. 2～3　C. 3～4　D. 4～5

2. （　）的发型设计要易于自行梳理和变化，以适应不同场合的需求。

A. 老年人　B. 年轻人　C. 少年儿童　D. 中年人

3. （　）是推广产品的关键人群。

A. 少年儿童　B. 中年人　C. 年轻人　D. 老年人

4. “您好！请问平时喜欢什么风格的造型？”属于（　）的询问。

A. 引导式　B. 封闭式　C. 确认式　D. 开放式

5. （　）是对顾客最好的欢迎。

A. 打折促销　B. 微笑　C. 上前迎接　D. 礼貌用语

6. （　）的顾客，可能只能成为一次性顾客。

A. 执着型　B. 洒脱型　C. 文静型　D. 活泼型

7. （　）较服帖，建议最好将头发剪短，尝试俏丽、个性化的短发。

A. 自然的卷发　B. 细少的头发　C. 柔软的头发　D. 粗硬的头发

8. 美发师应具备：诚实守信、爱岗敬业、守职尽责，而且更要有注重（　）的服务意识。

A. 礼貌待客　B. 以人为本　C. 效益　D. 效率

9. 正确的站立姿势是：双脚呈“（　）”字形或“丁”字形站立。

A. A　B. L　C. V　D. T

10. 美发师工作时的步伐要轻、稳、（　）。

A. 准确　B. 灵活　C. 快速　D. 缓慢

11. 要让顾客满意，最重要的一点就体现在真正为（　）着想。

A. 价格　B. 服务态度　C. 顾客　D. 老板

12. （　）是服务质量的具体体现。

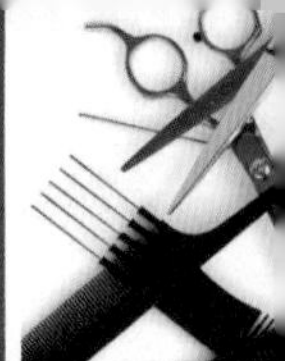

A. 满意度　B. 客流量　C. 投诉率　D. 礼貌用语

13. （　）也是社交活动的重要组成部分。

A. 礼貌用语　B. 仪态　C. 良好的个人形象　D. 合适的发型

14. 问的准则是不得让顾客感觉被（　）、受到委屈，甚至是被伤害。

A. 冷落　B. 侵犯　C. 歧视　D. 欺骗

15. 粗硬的头发应考虑用碱性烫发剂将头发软化一下，使头发略带波浪，以便展现发型的（　）。

A. 质感　B. 动感　C. 柔美感　D. 量感

16. 美发师的仪态是指美发师在（　）中的举止。

A. 日常生活　B. 休息　C. 迎客过程　D. 服务工作

17. 一名优秀的美发师不但要有精湛的技术，而且要在思想道德等方面有较高的（　）。

A. 修养　B. 素养　C. 涵养　D. 素质

18. 砍价的顾客也是常遇到的，砍价是买家的天性，可以对顾客说（　）。

A. 对不起，这里不还价　B. 下次有优惠活动我会及时通知您

C. 小本经营概不赊账　D. 你去问一下掌柜的看看

19. 一般在跟客户刚开始接触，话题不多时可以使用（　）的询问方式。

A. 直接询问　B. 封闭式　C. 开放式　D. 间接询问

20. 在与顾客交流中，不要用“肯定”“保证”“绝对”等字样，用“尽量”“努力”“（　）”。

A. 一定　B. 没问题　C. 相信我　D. 争取

测试题答案

一、判断题

1. √　2. √　3. ×　4. √　5. ×　6. ×　7. ×

8. ×　9. √　10. √　11. √　12. ×　13. √　14. ×

15. √　16. ×　17. √　18. √　19. ×　20. ×

二、单项选择题

1. A　2. B　3. C　4. D　5. B　6. B　7. C
8. D　9. C　10. B　11. C　12. D　13. D　14. B
15. C　16. D　17. A　18. B　19. C　20. D

第 2 章　美发常识

第 1 节　常用美发产品的功能及特点

学习目标

- 了解洗、护、烫、染、漂、固发等产品的功能及特点
- 了解常用美发用品质量鉴别知识
- 了解美发用品质量鉴别方法并正确为顾客介绍

知识要求

一、常用美发用品

随着物质和生活水平的提高，人们对自身的健康和个人形象包装定位设计越来越重视。尤其是对头发的呵护和造型，对美的追求，已不再是因为头发太脏、太长才到美发厅消费，而是在此基础上追求更完美更健康。基于此，美发师应了解并掌握所接触的各种美发用品的性能和特征。

1. 洗发用品

洗发液（精）的主要成分是洗涤剂、助洗剂和添加剂。洗涤剂为洗发液提供了良好的去污力和丰富的泡沫成分；助洗剂则增加了去污力和泡沫的稳定性，改善了洗涤剂的性能，能起到调理的作用；添加剂的种类有很多，如增稠剂、抗头屑剂、调理剂、滋润剂、香料、色素等，使洗发液拥有各种不同的功能和效果。因此，洗发液具有泡沫丰富、去污力强、无刺激、易冲洗等特点。洗发液根据其所含的成分和功效不同可分为许多种类。

2. 护发用品

护发用品的种类有很多，如护发素、营养油、焗油膏、倒膜、修护霜、护发油、氨基酸、护卷素、精油等。护发用品涉及营养、卫生、物理、化学等多方面的科学知识。其主要作用是使头发健康、柔顺、有光泽，不产生静电，富有弹性，补充营养和水分等。

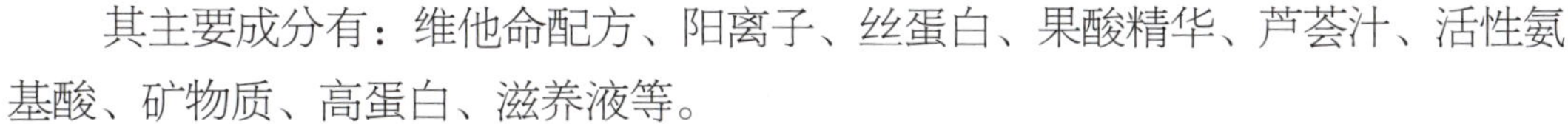

其主要成分有：维他命配方、阳离子、丝蛋白、果酸精华、芦荟汁、活性氨基酸、矿物质、高蛋白、滋养液等。

3. 烫发用品

烫发用品质量的好坏，不仅要看其商业包装的精致，还要看其说明书中的配方，更要注意有效期。当使用前可以用pH试纸测验其酸碱度，轻嗅其气味，气味越刺鼻，其含碱浓度就越高，也可用几根真发进行试烫，卷曲10 min后视其效果。任何烫发剂的烫发原理都相同，因为任何卷发都意味着毛发的膨胀，而毛发的膨胀是源于外部给予的化学和物理作用，使头发张力部分解除，达到头发皮质层的软化，以适应外部给予头发的物理作用。

从化学角度讲，软化也意味着在头发内部，通过冷烫剂的渗透，使头发中的串联物分子分解和改变，即分解和改变硫化串，其中氢化串、盐化串溶解于水，而硫化串不溶于水，极具抗拒性，只溶解于化学还原剂。分解以后，必须再经过重组（中和定型）作用，才能使头发达到长久性的卷曲。

烫发剂里含有含氢硫根的氨基酸和阿摩尼亚及其他附加物。含氢硫根的氨基酸有分解作用，在烫发的过程中，把头发表皮层分子结构的链锁打开；阿摩尼亚可以软化头发的表皮层，使头发膨胀，利于烫发剂的吸收；而附加物有护发的成分，可使头发减少损伤。

定型剂（中和剂）的主要成分是钠、钾、溴酸盐、过氧化氢4种，由于过氧化氢具有脱色的弊端，所以现在大多使用溴化钠。定型剂的作用是重组固定，因定型剂中的双氧水会使胱氨酸的氢消失，而氢消失后的半胱氨酸分子与硫原子相链接，会形成一个新的胱氨酸分子，这样头发的卷曲形状就会被固定下来。

烫发用品主要有烫发剂和定型剂，现在厂家通常会分3剂生产包装。烫发剂A剂，分解软化发质作用；定型剂B剂，中和定型作用；护发剂C剂，改善发质，增加光泽作用。烫发剂通常可分以下3类：

（1）碱性烫发剂。主要成分是硫化乙醇酸，pH值在9以上，属抗拒性烫发剂，适合于较粗、较硬、从未烫染过的头发使用。

（2）微碱性烫发剂。主要成分是碳酸氢铵，pH值在7～8之间，属于普通烫

发剂，适合于一般发质使用，应用较广。

（3）酸性烫发剂。主要成分是碳酸铵，并含有胱氨酸。pH值在6以下，已接近头发正常的pH值，它对头发具有一定的保护作用，在目前属于较好的烫发剂。

4. 染发用品

染发剂的作用是通过人工色素来改变天然色素达到目标发色。染发剂一般分为：

（1）临时性染料。这种染料可溶于水或酒精，同时大多数的临时性染料是配合液体使用，只是一种表面附着物，不会进入头发内层。它不含化学物质成分，通常只能维持到下次洗发为止。

临时性染料有膏状（彩色发蜡、发泥等），有粉状（造型后均匀喷洒在全头或局部），有喷雾型。

临时性染料的优点：可调和遮盖白发，增强天然发色，装饰漂过的头发或增艳发色，纠正发色等。

临时性染料的缺点：容易褪色、沾染衣物，不易染匀，空气潮湿时会有黏稠感。

（2）非永久性染料。这种染料一般是液态或膏体状。无须与双氧混合，染后能令头发保持4～6周的染色效果。非永久性染料能从头发的表皮层渗入至皮质层，但其中只有微量能与头发中的色素粒子结合，所以不会改变头发的基本结构。洗发4～6次以后，颜色就开始逐渐消退，但很受追求时尚个性的年轻顾客欢迎。

非永久性染料的优点：颜色视觉上很自然，不会因褪色而沾染衣物，比临时性染料更持久、色调更浓，不会使发质受损或降低光泽度。

非永久性染料的缺点：一般情况下只能加深发色，使色素重叠，较易产生色调不均匀。

（3）永久性染料。因其不会褪色，可用于遮盖白发和改变头发的色度及色调，使其能与肤色搭配更加柔和靓丽。其分为膏状与液状，但需要与氧化剂调配使用。

永久性染料分为植物型、金属型和渗透型。

1）植物型。染料从植物的叶子或根茎中提炼、加工而成。植物中本身具有的永久性染发成分。

2）金属型。染料中含铝离子、铜离子、银离子，含铝离子的呈紫色，含铜离子的呈红色，而含银离子的则呈绿色。这些金属离子成分会使颜色在头发的表皮层形成一种薄膜状。染时颜色会极其缓慢地进入头发内部。染后颜色不容易褪去。由于金属成分停留在发丝上，经过加热等处理而变形，会出现再次染发不上色的现象。如果是染后再烫发，会出现头发颜色变红，而且变得粗糙、易断。

3）渗透型。染料能够渗透到皮质层中，通过氧化作用与原来的色素粒子相结合，促使发色更加自然。

永久性染料的优点：色泽自然，不易褪色，颜色会均匀地分布于皮质层与自然发色混为一体，头发颜色的深浅可视顾客意向控制。

染发用品还包括漂发产品。漂浅剂有粉、膏、乳、油4种。漂浅剂可使黑色的头发变成红、黄、白等颜色，还可去除已染过发的颜色，修正头发中因染色操作失误而留下的色差，更可漂浅头发色素为染发做铺垫。

漂粉内含有碱性阿摩尼亚，可使毛鳞片张开便于漂浅剂渗透毛发组织，让毛发改变原有的色素成分。

双氧（有水状和乳状两种），俗称双氧奶、双氧水或显色剂，内含有过氧化氢（H_2O_2），是一种能消除色素的物质。过氧化氢中的氧，可以软化头发的表皮层，渗透到皮质层中，消除原来的色素细胞，减少色度，使头发变浅。这种改变一般要根据头发色素及漂发剂停留在头发上的时间而定。

双氧根据含氧分子比例的不同，针对发质及作用的不同，效果也有所区分。

5. 固（饰）发用品

固发用品是美发师平常在工作中为顾客造型时所用的定型产品（如发胶、啫喱水、啫喱膏、摩丝、发蜡、护卷素、弹力霜等）。其主要作用是可以根据美发师所设计发型的形状进行定型，它可以塑造出不同的发型效果，令头发保

持形状的持久。如半干状态的发丝使用定型产品，可使头发显得自然，富有光泽。细软发质可选用发胶、特硬啫喱水、摩丝等固定发型，粗硬发质可选用发蜡、发泥等固定发型，而烫染过的头发选用护卷素与弹力霜定型较好。

二、美发用品质量鉴别方法

1. 美发用品的检查方法

目前专业用品市场上所出售的美发用品大致可分为：原装进口的高档产品，价格较贵；合资企业所生产的中、高档专业产品；国内厂家生产的大众化美发用品。

根据国家有关规定，美发用品的生产厂家，对生产的各种化学用品必须要注明生产日期和保质期，附有使用说明书，否则均属于假冒伪劣产品。美发化学品质量的好与坏，也将会直接影响到美发厅的生意与声誉，影响到事业和前程，更会影响顾客头发及皮肤的健康状况。

对于从业者来说，识别专业美发用品的质量，正确选用美发用品，是非常重要的。

（1）从包装上判断美发用品的质量。鉴别的第一步，应该是察看外包装。检查外包装上是否注明：品牌、生产日期、保质有效期、条形码、生产厂名、厂址、厂家标志、单位、批号、标准代号、卫化准字批号、工业生产许可证（QS）、特殊生产批号等。如果是进口美发化妆用品，还应该有中国出入境检验检疫标志（CIQ），中文使用操作说明书、合格书、代理授权书等。

如果是假冒或伪劣产品，其外包装上的注明内容可能不齐全，包装上一般只会注明××城市××厂××合资企业名称，有的只写“中国制造”，而且会用拼音、外文等冒充进口产品，一般不会有中国出入境检验检疫标志（CIQ）以及保质有效期和生产出厂日期等。

（2）从质感上判断美发用品的质量

1）乳液状用品。将瓶子左右倾斜摆动，使乳液流动，观看其上、下层的乳液是否有不均匀的现象，是否有脱水或上稀下稠的沉淀现象。

2）粉状用品。观察其粉末是否细腻，有无颗粒，色彩是否均匀，是否有受

潮、结块等现象。

3）膏状用品。看膏体表面是否光泽、平滑，有无气孔、异色斑点，软硬程度、色泽是否均匀等。如果膏体表面呈现出一层水状，则表示该化学产品已变质，不能再继续使用。

4）液体用品。用品中的液体是化学成分。液体用品有香水、花露水、洗发露、护发素、发胶等。鉴别时，应观察产品是否透明清澈，颜色是否纯正，晃动瓶子时，是否出现絮状沉淀或杂质。

（3）通过闻气味查验美发用品的质量。各种美发化学用品都会有其相应的气味，美发师在使用美发化学用品之前，应根据其包装上所注明的香型，辨别一下气味是否纯正，有无异味，看一下是否已过期或者失效、跑味等。根据化妆品的基本成分，辨别其气味的纯度。因为有些产品虽未过期，但因保存不当，阳光暴晒，也会变质失效。

（4）通过试用看效果检验美发用品的质量。美发化学用品在第一次使用时，应特别注意观察和体会其使用效果。可直接用几根真发在操作中试用。

2. 美发用品的鉴别方法

洗发液在头发上停留的时间不宜过长，哪怕是质量最好的产品也是如此。洗发次数过频、过久容易使染色的头发掉色，对发质也不好。

漂、染、烫发产品即使是经检验合格的优质产品，也会对某些人造成过敏。这是由于这些人对化学成分十分敏感，可能会引发炎症。

美发化学用品种类很多。以下是几种常用的美发化学用品鉴别方法。

（1）洗发膏。鉴别洗发膏时，要看其是否有膨胀、干缩现象，膏体是否整洁、细腻，色泽是否均匀一致，软硬是否适度；香型是否与包装使用说明一致，是否有不应有的油脂味；洗发时，泡沫是否丰富、柔和、细腻，洗后头皮是否舒适，头发是否顺滑光泽。

（2）乳液型香波。在使用乳液型香波时，要看其色泽是否纯正，将瓶子左右晃动，乳液流动是否缓慢，线条是否不断线；乳液中是否有异物杂质；香型与包装说明是否一致，无异味；洗发时泡沫是否丰富、细腻、芳香，洗发后头皮是否舒适、无头皮屑，头发是否光亮顺滑。

（3）护发用品。护发用品的颜色是否清淡纯正，无浓重的色素，膏体是否细腻光亮。护发用品如出现污浊、灰暗、霉点、气泡、干缩、脱水等情况，就不能再继续使用，以免对皮肤产生刺激。

（4）发油、发蜡、发乳。发油、发蜡、发乳都不同程度地含有油性。检查时要先看其是否在保质期内，再看是否出现了油水分离、出汁、沉淀或脱水等现象。在夏季使用时，为防变质，应避光存放。

（5）啫喱水。啫喱水是胶液状固发（定型）用品。检查时先看是否超过保质期，再看是否清澈透明，使用时感觉其黏性是否适中，是否有利于发式造型。

（6）发胶。发胶也是液体状化学用品。检查时先看其是否超过保质期，再看是否透明清澈，颜色是否纯正，摇晃瓶子时是否呈絮状，是否有沉淀物和杂质出现。

（7）摩丝。摩丝是胶液状的泡沫剂，属固发用品。检查时先看其是否超过保质期，然后检查瓶口喷嘴是否有使用过的痕迹（看封口破损与否），试用时看喷出的泡沫是否细腻、丰富，黏性及含水量是否适中。

三、洗、护、烫、染、漂的专业流程

1. 洗发流程

刷发→涂抹洗发液→抓挠头发→按摩头皮→冲洗→吹风造型。

2. 护理流程

洗发→擦干湿发→涂抹营养焗油膏→加热吸收→冲洗→吹风造型。

3. 烫发流程

洗发→卷杠→涂抹冷烫精→加热→试卷→带杠冲洗→涂抹定型剂→拆卷→冲洗→吹风造型。

4. 染发流程

皮试→洗发→调配染发剂→涂抹染发剂→加热→发束检测→乳化→冲洗→吹

风造型。

5. 漂发流程

皮试→洗发→调配漂发剂→涂抹漂发剂→加热→发束检测→冲洗→吹风造型。

第 2 节　发型设计的理念

学习目标

- 掌握不同脸形的特点及发型的配合
- 掌握不同头形的特点及发型的配合

知识要求

设计发型时脸形、头形是主要的依据，而每个人的脸形、头形各有差异，俗话说“百人长百相”。在美发行业中，将脸形采用几何图形分析概括为：椭圆形脸、圆形脸、长方形脸、方形脸、正三角形脸、倒三角形脸、菱形脸7种。只有准确地掌握不同脸形和头形的特征，设计出的发型才能与人的整体相协调，达到和谐统一的视觉效果，给人以美的享受。

一、脸形的区分及特点（见表2—1）

表2—1　　脸形及其特点

脸形	说明	特征	印象	发型选择技巧	示意图
椭圆形脸	外围为椭圆形轮廓，没有骨骼突出点，展现出柔和的曲线，给人以文静秀丽之美。通常称为“鹅蛋脸”，是女性的标准脸形	脸形圆润，下颌稍瘦，长与宽的比例约为4：3，是标准的女性脸形	有一种和谐美	椭圆形脸是女性标准脸形，梳理任何发型都具美感	
圆形脸	面部肌肉较为丰满，前额不够开阔，下颌轮廓圆润。与同龄人相比显得年轻又活泼可爱，通常称为“田”字脸和“娃娃脸”	脸短，面颊圆，有些年轻人面颊肌肉丰满	温柔、活泼、热烈、可爱。不足之处是看上去有些孩子气，没有成熟感	圆脸形应增加顶部的高度，使脸形稍稍拉长，给人以协调、自然的美感。要避免面颊两侧的头发隆起，否则会使颧骨部位显得更宽	
方形脸	前额开阔，两腮突出，下颌较短，这种脸形给人以方正刚毅的视觉感，方形脸又称“国”字脸	下巴宽阔，轮廓清晰，脸部显得大，脸的宽度和长度比较接近	有严肃、倔强、硬朗、稳定感	方脸形重点是以圆去方，使人们的视觉由于线条的圆润而减弱对脸部方正线条的注意。前额不宜留齐整的刘海，也不宜全部暴露额部	

续表

脸形	说明	特征	印象	发型选择技巧	示意图
长方形脸	又称“目”字脸。多数是额前的发际线生得较高，显得脸特别长，有的额前发际线虽不高，但由于脸庞较清瘦或五官位置比例都不匀称，也会给人以脸长的感觉	脸形狭长	有成熟、沉着、稳健的感觉	长方脸形在发型的轮廓上，要压抑顶发的丰隆，顶部应平伏，刘海宜下垂，使脸部变得圆一些。同时还要使两侧的发量增加，以弥补脸颊不够丰满的不足	
正三角形脸	前额较窄，腮部突出，下颌较短，整体脸形轮廓呈现上窄下宽的三角形，正三角形脸又称“由”字脸或“梨形脸”，给人以稳健感	下部比上部丰满，一般较肥胖的人有此脸形	性格温和，有宽宏大量之感	正三角形脸形梳理时要将耳朵以上部分的发丝蓬松起来，这样能增加顶部的宽度，从而使两腮的宽度相应减弱	
倒三角形脸	与正三角形脸形相反，也就是前额宽下颌较尖，倒三角形脸又称“甲”字脸，下颌瘦削，给人以清瘦灵敏的感觉	上额较为宽阔，下颏尖细	轮廓清晰，给人一种明快清淡感，缺乏稳定	倒三角形脸形适合选择侧分头缝的不对称发式，露出饱满的前额，这样能将年轻女性纯情、甜美、可爱等特点直率地表现出来	
菱形脸	颧骨突出，前额较窄，下颌部位较尖。菱形脸又称“申”字脸，给人以灵巧清秀感	颧骨突出，下颏较瘦	线条结构清晰，起伏多变	菱形脸一般将上部的头发拉宽，下部的头发逐步紧缩，以遮盖其颧骨凸出的缺点	

二、头形的区分及特点

审视头形要从头的侧面进行，审视的主要部位有前顶部、中顶部、枕骨部3个部分，从这3个部位来确定头的形状，见表2—2。

表2—2　　头形的区分及特点

头　形	特　　点
椭圆头形	前顶点、中顶点、枕骨点连成线后呈凹椭圆形，此头形是标准头形
平顶头形	前顶和中顶不呈凹陷或平行，属常见头形之一，给人以降低头形的感觉
尖顶头形	头的中顶部向上鼓起，这种头形不但有拉长的感觉，还有增高身材的视觉效果
枕骨凹头形	枕骨处扁平或略有凹陷，枕骨处没有凸起的圆形，但中顶部却产生了尖的感觉
枕骨凸头形	枕骨处凸起较高，使头形横向加长，看起来有头形变方的感觉

三、发型与头形的配合

发型设计的目的之一是要利用巧妙的发型安排，克服头形的缺陷，产生椭圆形头形的效果。发型设计师应仔细研究顾客的头形，以椭圆形为参照标准，然后观察哪边有扁平现象，再调整哪边头发的厚度以补足该区域。当然，这并不意味着所有的发型设计都应是椭圆形，美发师也可根据不同的头形设计出多种时髦的发型。

四、发型分析的其他要素

1. 发型与服饰

发型与服饰是相互搭配的。人们常常用各式各样的服饰来陪衬发型，以此来表现自己的气质、风格和个性，修饰自身的缺陷。

（1）服装。服饰要与人的外形、个性以及时间、场合、色彩相协调，在服装款式的设计方面可以采用宽松、贴身、色彩与纹理等来调节人体的美感，使人整体看上去更加完美。

（2）发饰。发饰配合发型，必须根据发型的繁简来决定发饰运用的多少。一般发饰不超过发型面积的1/5，起装饰和点缀作用。但发饰也具有突出和强调发型风格的效果。发饰的颜色、质地也要与服装同步，这样才能达到发型、发

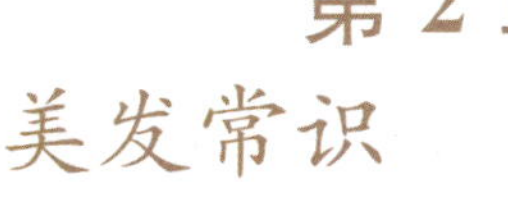

饰、服装的整体统一、和谐。

2. 发型与身材

人的身材有胖、瘦、高、矮之别，发型也有超短发、短发、中发、长发和超长发之分。标准体型不是每个人都有，所以要用不同的发式和发型来修饰体型的不足，从而达到和谐的美感。

（1）身材高大的人。通常选择直发、长发发型比较适合，或者选择长的大波浪卷发，这样比例比较协调。由于腿长、脸长、脖颈较细，发丝形态或直或卷，都可以达到潇洒飘逸的效果。身材高大的人一般比较消瘦，头发发式不适宜梳理较高的发髻，这样会显得身材更高，也不宜修剪得太薄，应该使头发的发量显得丰满厚实一些。

（2）身材矮小的人。通常选择短或适中的发型比较适宜，如果各部分的比例匀称，在发型设计上应该处理得精巧一些，不要设计得太粗犷或蓬松，否则会使头部与身体比例失调，产生头部宽大、身材瘦小的感觉。矮小身材的人可以梳理较高的发型，这样可以衬托身材的高度。矮胖体型的人在进行发型设计时，应尽可能让头发向高处发展，以便露出颈部，增加体型的高度感。

3. 发型与职业

设计发型时也要注意顾客的职业，力求做到发型美观而且不影响工作。

（1）职业白领。职业白领交际和外事活动较多，发型设计可略长一些，以便能经常变换发型，改变形象。也可将头发烫卷，修剪出层次。一般长发披肩，显得高雅、大方，并富有时代感。

（2）运动员。运动员的职业特点是经常跑、跳，运动剧烈，流汗较多。在发型设计时，要考虑到头发必须频繁清洗，以不遮挡视线为宜。因此，发型力求简单、易于梳洗，以轻松、活泼的短发、直发为宜。

（3）教师。教师为人师表，其工作性质决定了发型的设计要端庄、稳重，以简洁的盘发或波浪式发型为宜。

4. 发型与年龄

不同年龄段的顾客所梳理的发型应该符合各自的年龄层次，这样才能符合大

众的审美观。

5. 发型与修剪

在修剪发型时，修剪的角度可根据不同发型的需要进行提升。角度提升高于90°，头发会变得轻盈；角度提升低于90°，头发则会变得厚重。具体操作应根据顾客的发量和要求进行调整。

五、注意事项

1. 发质

发质是指头发的粗细、软硬、多少及健康情况。一种发质不是任何发型都可以做的，了解发质可以对发型设计做出正确的选择。

2. 发色

发色和发质有时体现了个人的气质。一种发色也不是任何发型都可以做的。

3. 头旋

头旋是在发型操作上需要注意的，有时也会影响到最后发型的效果。

4. 头和身的比例

头和身的比例关系影响到发型的轻重感觉和收缩放大的效果。

5. 脸形

发型设计许多时候都是为脸形考虑的。

6. 头形

头颅的大小、方圆、平尖都会对发型的选择产生影响。

7. 化妆

发型不是独立存在的，它必须与各方面整体协调。例如化妆所选择的色彩需要根据发型以及发色的变化而调整，以达到和谐统一。

测　试　题

一、判断题（请将判断结果填入括号中，正确的填“√”，错误的填“×”）

1. 洗涤剂为洗发液提供了良好的去污力和丰富的泡沫成分。 （　）

2. 添加剂增加了去污力和泡沫的稳定性，改善了洗涤剂的性能，能起到调理的作用。 （　）

3. 审视头形要从头的正面进行，审视的主要部位有前顶部、中顶部、枕骨部3个部分，从这3个部位来确定头的形状。 （　）

4. 阿摩尼亚可以软化头发的表皮层，使头发膨胀，利于烫发剂的吸收。 （　）

5. 过氧化氢具有脱色的弊端。 （　）

6. 圆形脸:面部肌肉较为丰满，前额不够开阔，下颌轮廓圆润。与同龄人相比显得年轻活泼可爱，通常称为瓜子脸。 （　）

7. 酸性烫发剂：主要成分是过氧化氢，并含有胱氨酸，pH值在6以下。 （　）

8. 一般发饰不超过发型面积的1/3，它起装饰和点缀作用。 （　）

9. 定型剂的作用是重组固定。 （　）

10. 微碱性烫发剂：主要成分是碳酸氢铵，pH值在6～7之间。 （　）

11. 洗发液具有泡沫丰富、去污力强、无刺激、易冲洗等特点。 （　）

12. 长方形脸:前额部位发际线生长较高，下颌较长，脸部肌肉不够丰满，因而显得清瘦，这种脸形给人以朴实的感觉。 （　）

13. 头形分为椭圆头形、平顶头形、尖顶头形、枕骨凹头形、枕骨凸头形等。 （　）

14. 正三角脸形:梳理时要将耳朵以上部分的发丝蓬松起来，这样能增加顶部的宽度，从而使两腮的宽度相应减弱。 （　）

15. 洗发液的主要成分是洗涤剂、助洗剂和添加剂。 （　）

16. 身材矮小的人，通常选择短或适中的发型比较适宜。 （　）

17. 发型的设计许多时候都是为脸形考虑的。 （　）

18. 发质是指头发的粗细、软硬、多少及健康情况。（　）

19. 在修剪发型时，如角度提升高于90°，头发会变得厚重，角度提升低于90°，头发则会变得轻盈。（　）

20. 方形脸:一般将上部的头发拉宽，下部的头发逐步紧缩，以遮盖其颧骨凸出的缺点。（　）

二、单项选择题（选择一个正确的答案，将相应的字母填入括号中）

1. 染发剂一般分为（　）种。

A. 3　　B. 4　　C. 1　　D. 2

2. （　）一般是液态或膏体状。无须与双氧混合，染后能令头发保持4～6周的染色效果。

A. 非永久性染料　B. 永久性染料　C. 临时性染料　D. 植物型染料

3. 双氧（有水状和乳状两种），俗称双氧奶、双氧水或显色剂，内含有（　）。

A. 过氧化氢　B. 碳酸氢铵　C. 碳酸铵　D. 硫化乙醇酸

4. 过氧化氢中的（　），可以软化头发的表皮层，渗透到皮质层中，消除原来的色素细胞，减少色度，使头发变浅。

A. 氧　B. 氢　C. 酸　D. 碱

5. 烫发流程：洗发→卷杠→涂抹冷烫精→加热→（　）→带杠冲洗→涂抹定型剂→拆卷→冲洗→吹风造型。

A. 自然停放　B. 试卷　C. 冷却　D. 再涂抹冷烫精

6. 染发流程：皮试→洗发→调配染发剂→涂抹染发剂→加热→发束检测→（　）→冲洗→吹风造型。

A. 冷却　B. 乳化　C. 喷水　D. 擦拭

7. 在美发行业中，将脸形采用几何图形分析概括为（　）种。

A. 6　B. 7　C. 8　D. 9

8. 圆形脸：面部肌肉较为丰满，前额不够开阔，下颌轮廓圆润。与同龄人相比显得年轻活泼可爱，通常称为“（　）”字脸和“娃娃脸”。

A. 甲　B. 田　C. 由　D. 目

9. （　）的特征是前额较窄，腮部突出，下颌较短，又称“由”字脸或

“梨形脸”，给人以稳健感。

A. 倒三角形脸　B. 菱形脸　C. 正三角形脸　D. 瓜子脸

10. （　）：属抗拒性烫发剂，适合于较粗、较硬、从未烫染过的头发使用。

A. 微碱性烫发剂　B. 酸性烫发剂　C. 碱性烫发剂　D. 弱酸性烫发剂

11. 酸性烫发剂的主要成分是（　）。

A. 硫化乙醇酸　B. 碳酸氢铵　C. 碳酸铵　D. 过氧化氢

12. 含铝离子、铜离子、银离子的染料，含铜离子的呈（　）。

A. 紫色　B. 蓝色　C. 红色　D. 橙色

13. 中国出入境检验检疫标志是（　）。

A. MIB　B. CIA　C. ORZ　D. CIQ

14. （　）是女性的标准脸形。

A. 菱形脸　B. 娃娃脸　C. 瓜子脸　D. 椭圆形脸

15. （　）的特征是颧骨突出，前额较窄，下颌部位较尖，给人以灵巧清秀感。

A. 长方形脸　B. 三角形脸　C. 圆形脸　D. 菱形脸

16. （　）是标准头形。

A. 平顶头形　B. 枕骨凹头形　C. 枕骨凸头形　D. 椭圆头形

17. （　）的发型设计要端庄、稳重，以简洁的盘发或波浪式发型为宜。

A. 教师　B. 运动员　C. 职业白领　D. 主持人

18. （　）在发型设计时，要考虑到头发必须频繁清洗，以不遮挡视线为宜。因此，发型力求简单、易于梳洗，以轻松、活泼的短发、直发为宜。

A. 青少年　B. 运动员　C. 演员　D. 厨师

19. （　）通常选择直发、长发发型比较适合。

A. 身材矮小的人　B. 身材胖的人　C. 身材高大的人　D. 身材瘦的人

20. 审视头形要从头的侧面进行，审视的主要部位有（　）个部分。

A. 6　B. 5　C. 4　D. 3

测试题答案

一、判断题

1. √　2. ×　3. ×　4. √　5. √　6. ×　7. ×
8. ×　9. √　10. ×　11. √　12. √　13. √　14. √
15. √　16. √　17. √　18. √　19. ×　20. ×

二、单项选择题

1. A　2. A　3. A　4. A　5. B　6. B　7. B
8. B　9. C　10. C　11. C　12. C　13. D　14. D
15. D　16. D　17. A　18. B　19. C　20. D

第 3 章　发型修剪

第1节　削刀知识与操作技巧

学习目标

- 了解削刀削发所产生的效果
- 掌握削刀的使用方法及技巧
- 掌握削刀在修剪中的运用
- 掌握削刀在削发中的操作技巧

知识要求

一、削刀的种类

削刀大致分为专业削刀和非专业削刀两大类。非专业削刀又分为换刃式和固定刃式，见表3—1。

表3—1　　削刀的种类及特点

<table>
<tr><th colspan="2">削刀种类</th><th>削刀示意图</th><th>特　点</th></tr>
<tr><td colspan="2">专业削刀</td><td></td><td>由刀身和刀刃两部分组成，一般不可折叠，但也有少数的设计是可以折叠的。刀片都是可以替换的，根据不同的型号和款式都有相应配备的刀片供替换使用</td></tr>
<tr><td>非专业削刀</td><td>固定刃式削刀</td><td></td><td>比较传统的刀具，由优质钢材制成，刀刃薄而锋利，既是剃须修面、剃光头的唯一工具，又能削发，起到制造层次和色调的作用</td></tr>
</table>

续表

削刀种类		削刀示意图	特　点
非专业削刀	换刃式削刀		刀刃设计成可替换类型，是一种更新的产品。这种设计可免去使用者在使用中需要磨刀的麻烦，刀刃不锋利直接替换新的就可以，方便快捷

二、削刀的使用

1. 专业削刀的使用

专业削刀在长发短发上都可以使用，具体是根据设计的要求，整个发型全部运用或者局部做自己想要的效果都是可以的。关键要熟练掌握各种刀法及不同刀法所产生的效果，这样在实际运用中才能得心应手。

2. 非专业削刀的使用

非专业削刀和专业削刀使用上基本一致，非专业削刀在使用中没有专业削刀灵活、容易变化。有些专业削刀能达到的特殊效果在非专业削刀上就很难达到，一般情况下不建议用非专业削刀。

三、削刀在削发中的操作技巧

1. 削刀的拿法

以食指、拇指为主，食指和拇指捏住刀柄，其余手指配合动作。操作时，着力点在食指和拇指上。削剪时主要靠手腕的摆动来控制。变化主要表现在角度、位置及刀刃和头发接触面的大小、多少等方面，要注意着力点的配合，如图3—1所示。

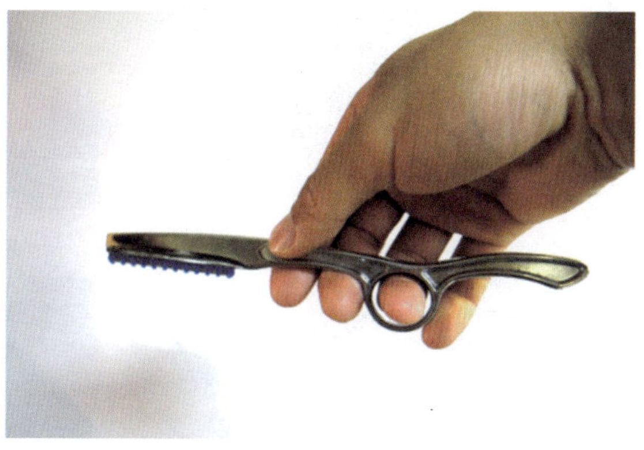

图3—1　削刀的拿法

2. 削刀的操作要领

削刀削发时用手指夹住一股（片）头发，削刀在发片或发束上保持一定的角度由上而下滑动，把头发削下。

（1）正确掌握削刀与头发的角度。削刀与被削的头发之间的夹角应在15°~90°之间，可根据不同的效果来变换角度，如图3—2和图3—3所示。

图3—2 削发角度（15°）

图3—3 削发角度（90°）

（2）削发操作中削刀的位置。削发时削刀距离发根不少于30 mm，长发削发削刀应在头发距离发根的1/3至2/3处下刀为宜。具体情况根据最终效果来调整，如图3—4和图3—5所示。

图3—4 削发的位置（离发根1/3处）

图3—5 削发的位置（离发根2/3处）

（3）正确掌握削刀滑动的幅度。削刀滑动的幅度决定削去头发的多少和层次的高低。削刀滑动幅度大，削去的头发多，层次就高；削刀滑动幅度小，削去的头发少，层次就低。

（4）手的用力要适当。手指夹住头发时，要保持一定张力，手指不宜过紧或过松，削发时手腕用力恰当。

3. 削刀削发所产生的效果

（1）削刀在削发中对头发层次会产生一定的效果，削发的适时运用会使发型更具有动感美。

（2）削刀在削发中对发型结构有一定的影响，熟练掌握削刀削后的头发轻盈飘逸，甚至卷曲，且发尾呈笔尖形羽毛状。

四、削发操作

表3—2　　削发的基础操作手法与常用操作手法

名　称	说　明	示意图
削发的基础操作手法		
外削刀法	削刀直接削头发的外表面，其目的是使发尾部向外弯曲或者表面去薄	
上平削法	由每片发片的上层向下层平行削下，形成自上而下渐长的上短下长的层次，若多层如此重叠，则会产生平滑飘逸的动态效果	

续表

名　称	说　明	示意图
	削发的常用操作手法	
下平削法	由每片发片的下层向上层平行削下，形成自下而上渐长的上长下短的层次，会产生平滑飘逸的动态效果	
拧削刀法	将发束拧成一股再削发，其目的是使头发层次自然并制造出参差不齐的效果，此法一般用于卷发类	
拔削刀法	一般用于连接层次，采用垂直分份方式，用中指和食指夹住发片，削刀将发尾刮断，此法的操作应采用专业削发刀	

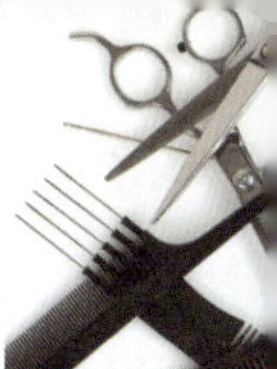

续表

名 称	说 明	示意图
削发的常用操作手法		
砍削刀法	以垂直分份夹住发片，削刀平行向下将发束切削，此法一般用于制造渐增层次效果	
滚削刀法	一只手持梳子，另一只手拿削刀，边梳边削，一般用于短发的后颈处，其目的是制造碎尾效果，使发际形线呈丝缕状	
点削刀法	用刀尖削点头发，做局部调整处理，其目的是使发型层次更为通透自然，此法的操作应采用专业削发刀	

续表

名称	说明	示意图
削发的常用操作手法		
侧斜削法	自发片侧面进行斜削，既保持了发丝质量，发尾又有鲜明的方向性	
内外斜削法	对同一发片进行自上而下和自下而上的两次斜削，会产生上下层短、中间层逐步渐长的形状，兼有内斜削法和外斜削法两者的效果。发丝既有丰隆之姿，发尾又有自由活动之态	
断削刀法	一只手持发片，另一只手持削刀，以两手合拢之力断切发片。若以一手将发片推向或拉向刀刃，则更容易断切发片。运用断削刀法的发尾切口齐整，能保持头发的质量。也可将削刀刃倾斜，造成发尾斜形切口，用以减轻发尾的质量，或使发尾具有方向性	

续表

名　称	说　明	示意图
削发的常用操作手法		
斜削刀法	利用削刀进行斜削，其目的是制造层次及减少发量，此法为最常用的一种削法，能使发丝呈现轻巧、细腻、柔软的效果	
内斜削法	由每片发片的下层向上层斜削，形成自下而上渐长的形状，上层富有悬垂力，下层具有挺括力。由于上下力的作用，一束束发片就能产生弯曲的形态。在每个纵断区内，又有重叠作用，有丰隆感	
外斜削法	由每片发片的上层向下层斜削，形成自上而下渐长的形状。若多层如此重叠，则会产生平滑飘逸的动态效果	

技能要求

削发操作

操作准备

1. 工具准备

修剪前先准备修剪需要的工具：削刀、围布、喷水壶、梳子，模特（或头模）等。

2. 操作前的设计构思

修剪前对发型进行设计构想，并想好修剪的步骤。修剪时要求思路清晰，动作连贯熟练。

操作步骤

发式修剪前，如图3—6所示。

图3—6　发式修剪前原型

步骤1

步骤2

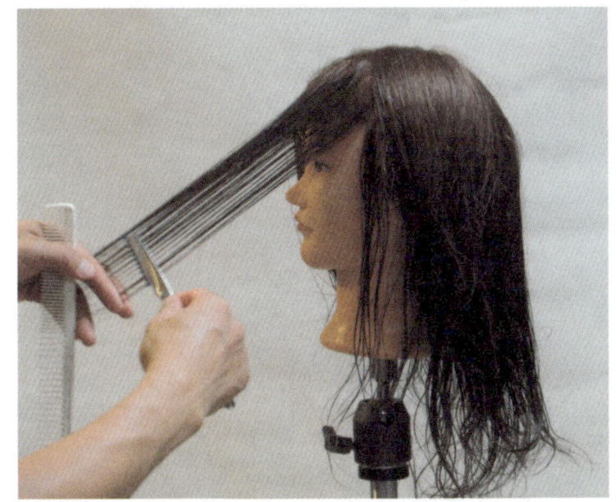

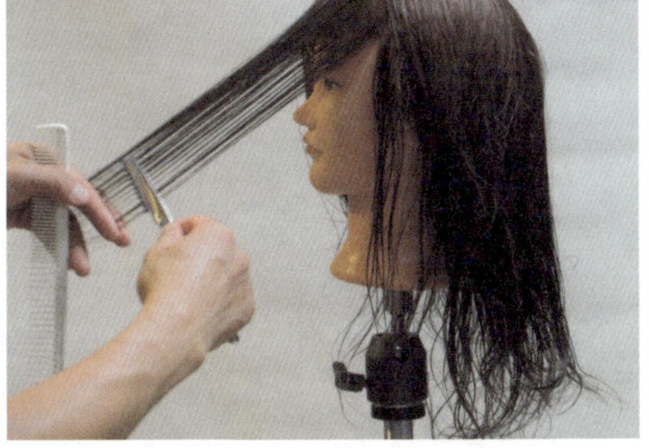

步骤3

步骤4

步骤5

步骤6

步骤7

图3—7　削发修剪步骤

注意事项

（1）削刀刀法的运用。要求熟练掌握各类刀法的削剪技巧和削剪后所产生的效果，以及各类刀法的组合方法和不同效果的配合，以便在实际操作当中能够灵活运用，配合恰当。

（2）刀具的维护保养。刀具每次使用前都应用75%含量的酒精消毒，使用后要揩擦干净，并根据需要及时更换刀片。固定刀刃不锋利时可在磨刀石上修磨。刀刃由两面组成，一面面积大，称为“阳口”，一面面积小，犹如一条线，称为“阴口”。在修磨时，应注意多磨阳口，少磨阴口，其比例为7：1，即阳口磨7下，阴口磨1下，这只是个参考数字，实践中要灵活运用。

第2节　男士发型修剪

学习目标

●了解男式无色调中分发式、男式低色调三七发式、男式有色调卷发发式、男式无色调时尚发式、男式高色调时尚发式、男式平圆头发式的概念

●掌握各种男式发型的修剪方法，要求色调匀称、两边相等、轮廓齐圆、厚薄均匀、高低适度、前后相称

知识要求

一、男式无色调中分发式

男式无色调中分发式没有明显的发式轮廓线，发式轮廓线以下头发从长到短递减，内轮廓线自然柔和，没有色调。头顶头发长度基本相等，刘海长度配合脸形，发型头顶中间有头缝。

二、男式低色调三七发式

男式低色调三七发式的头顶头发长度一致，发式轮廓线以下头发呈坡形并产生较低的色调，色调幅度不超过3 cm。发型前额刘海在脸形宽度的3/10处进行三七分缝。

三、男式有色调卷发发式

男式有色调卷发发式的头发修剪前是烫过的，发式轮廓线以下头发呈坡形并产生渐变的有层次的色调，色调幅度在4 cm以上。头顶头发和刘海长度基本一致。

四、男式无色调时尚发式

男式无色调时尚发式的发式轮廓线以下头发从长到短递减产生较柔和的层次，轮廓线下没有色调。头顶头发长度基本一致，和轮廓线下头发自然衔接。刘海长度符合脸形要求，发型刘海不分头缝。

五、男式高色调时尚发式

男式高色调时尚发式的发式轮廓线以下头发呈坡形并产生较高的渐变色调，色调幅度超过5 cm。头顶头发长度基本一致，刘海长度偏长一些，发型刘海不分头缝，斜向一边。

六、男式平圆头发式

男式平圆头发式是吸取平头和圆头两者的特点综合而成，周围头发层次比很短，有渐变的自然色调。顶部头发长度基本相等，头发较短但比周边头发略长且都竖立起来，顶部轮廓呈平圆形。

技能要求

男式无色调中分发式

操作准备

1. 工具准备

修剪前先准备修剪需要的工具：剪刀、打薄剪、围布、喷水壶、梳子，模特（或头模）等。

2. 操作前的设计构思

修剪前对发型进行设计构想，并想好修剪的步骤。修剪时要求思路清晰，动作连贯熟练。

操作步骤

发式修剪前，如图3—8所示。

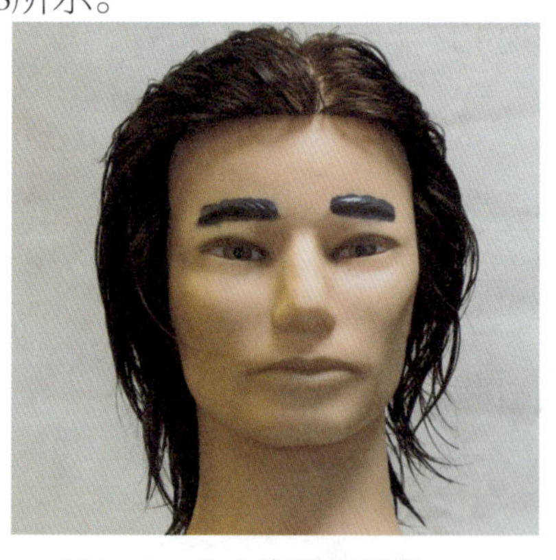

图3—8　发式修剪前原型

步骤1　修剪前先要对发型进行分区。

步骤2 修剪发式底部层次，如图3—9所示。

步骤3 修剪发式中部层次，如图3—10所示。

图3—9 修剪底部层次

图3—10 修剪中部层次

步骤4 修剪发式左面层次，如图3—11所示。

步骤5 修剪发式顶部层次，如图3—12所示。

图3—11 修剪左面层次

图3—12 修剪顶部层次

步骤6　修剪发式前额部层次，如图3—13所示。

步骤7　修剪完成，如图3—14所示。

图3—13　修剪前额部层次

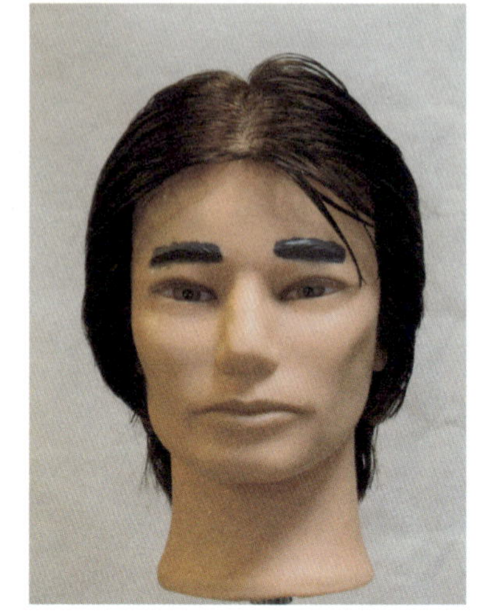

图3—14　修剪完成效果图

注意事项

（1）注意中分头缝的位置，分缝要准确，头发修剪的长度符合脸形。

（2）注意周边层次和顶部层次的衔接，内轮廓要自然柔和，具有美感。

男式低色调三七发式

操作准备

1. 工具准备

修剪前先准备修剪需要的工具：剪刀、打薄剪、围布、喷水壶、梳子，模特（或头模）等。

2. 操作前的设计构思

修剪前对发型进行设计构想，并想好修剪的步骤。修剪时要求思路清晰，动作连贯熟练。

操作步骤

发式修剪前，如图3—15所示。

图3—15　发式修剪前原型

步骤1　修剪前先要对发型进行分区。

步骤2　修剪发式左面鬓角，如图3—16所示。

步骤3　修剪发式侧边层次，如图3—17所示。

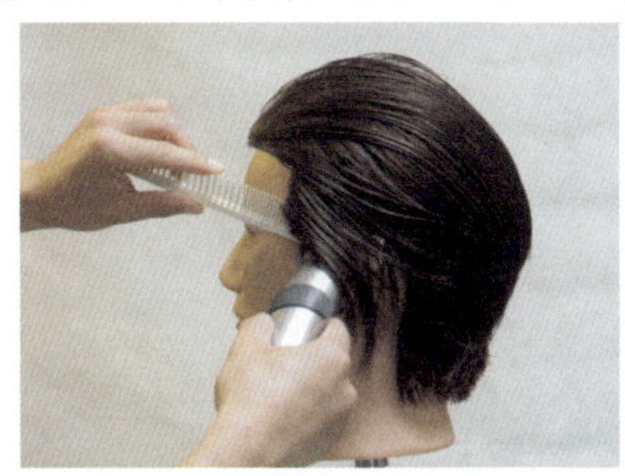

图3—16　修剪左面鬓角

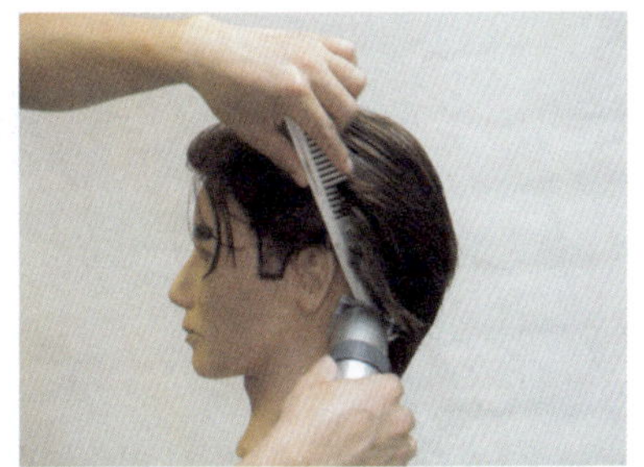

图3—17　修剪侧边层次

步骤4　修剪发式后面层次，如图3—18所示。

步骤5　修剪发式右面层次，如图3—19所示。

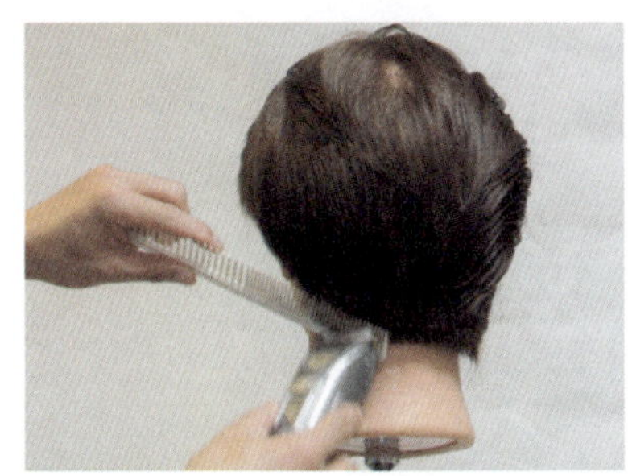

图3—18　修剪后面层次

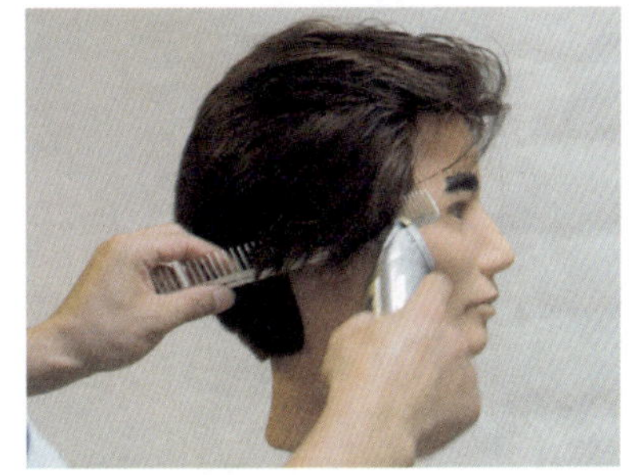

图3—19　修剪右面层次

步骤6　修剪发式顶部层次，如图3—20所示。

步骤7　修剪发式前额部刘海层次，如图3—21所示。

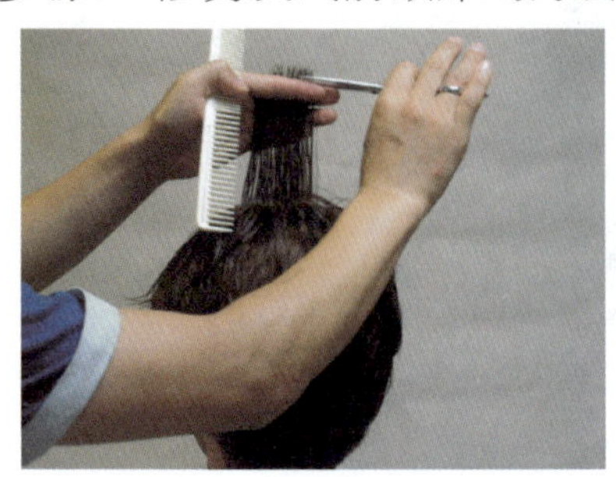

图3—20　修剪顶部层次

图3—21　修剪前额部刘海层次

步骤8　修剪完成，如图3—22所示。

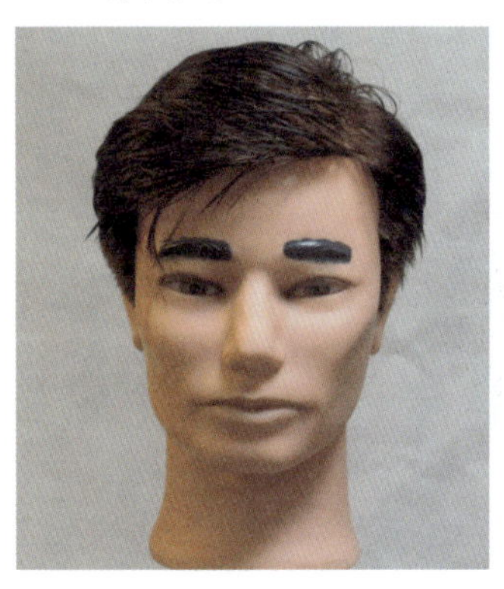

图3—22　修剪完成效果图

注意事项

（1）注意分头缝的位置，要符合发式要求。

（2）注意层次的衔接，发型大边和小边的搭配要和谐。

男式有色调卷发发式

操作准备

1. 工具准备

修剪前先准备修剪需要的工具：剪刀、打薄剪、围布、喷水壶、梳子，模特（或头模）等。

2. 操作前的设计构思

修剪前对发型进行设计构想，并想好修剪的步骤。修剪时要求思路清晰，动作连贯熟练。

操作步骤

发式修剪前，如图3—23所示。

图3—23 发式修剪前原型

步骤1 发式修剪时要对发型进行分区修剪，修剪发式左面鬓角，如图3—24所示。

步骤2 修剪发式侧边层次，如图3—25所示。

图3—24 修剪左面鬓角

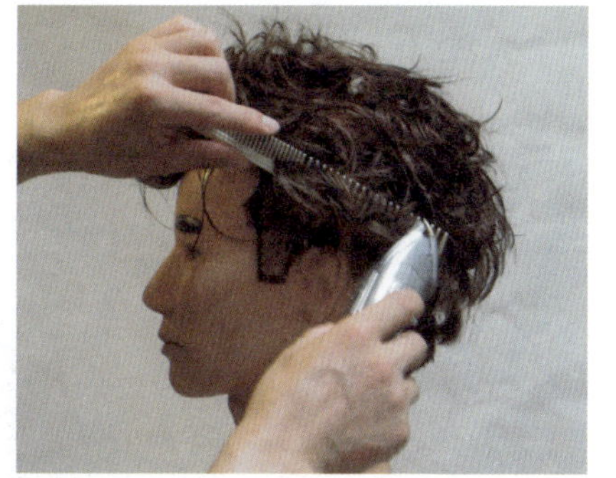

图3—25 修剪侧边层次

步骤3 修剪发式后面层次，如图3—26所示。

步骤4 修剪发式右面层次，如图3—27所示。

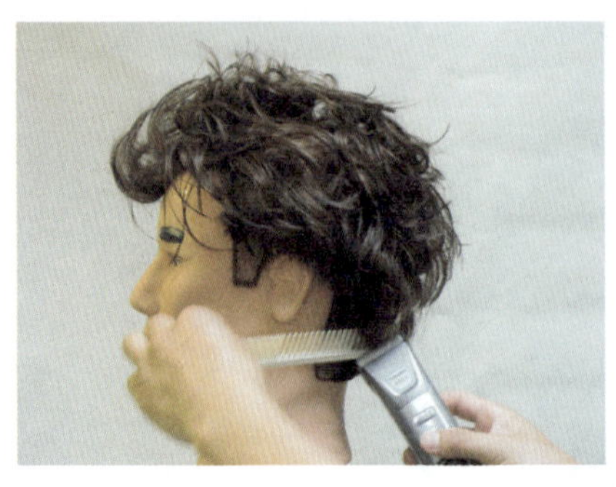

图3—26　修剪后面层次

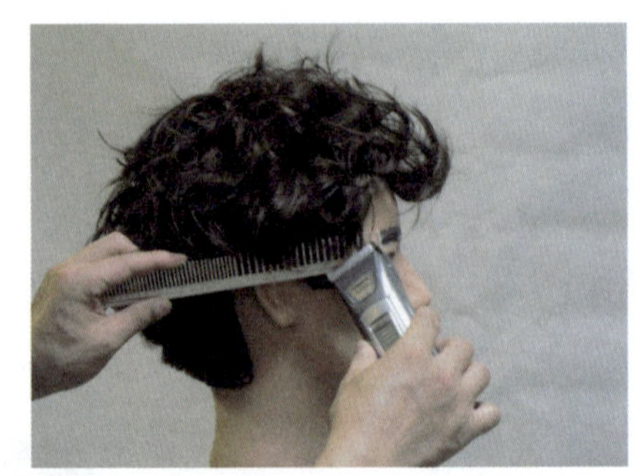

图3—27　修剪右面层次

步骤5　修剪发式顶部层次，如图3—28所示。

步骤6　修剪发式前额部刘海层次，如图3—29所示。

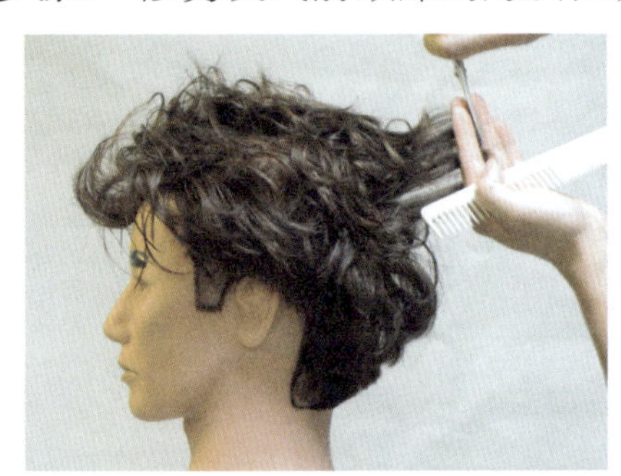

图3—28　修剪顶部层次

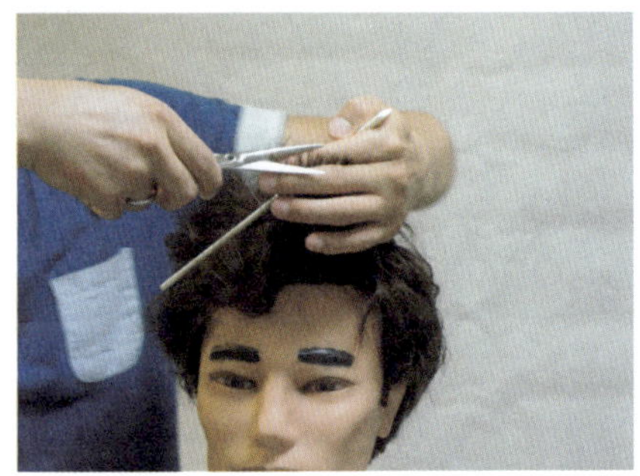

图3—29　修剪前额部刘海层次

步骤7　修剪完成，如图3—30所示。

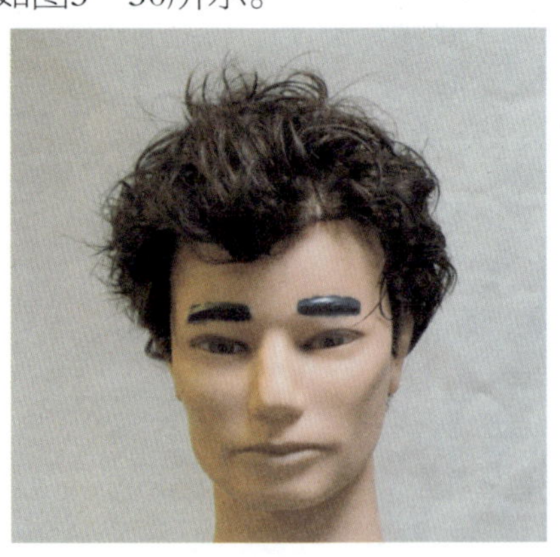

图3—30　修剪完成效果图

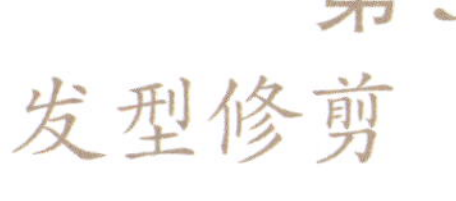

注意事项

（1）注意头发的长度要符合脸形要求，头发卷度自然柔和。

（2）注意层次的衔接，尤其是上面卷发和下面直发色调的衔接。

男式无色调时尚发式

操作准备

1. 工具准备

修剪前先准备修剪需要的工具：剪刀、打薄剪、围布、喷水壶、梳子，模特（或头模）等。

2. 操作前的设计构思

修剪前对发型进行设计构想，并想好修剪的步骤。修剪时要求思路清晰，动作连贯熟练。

操作步骤

发式修剪前，如图3—31所示。

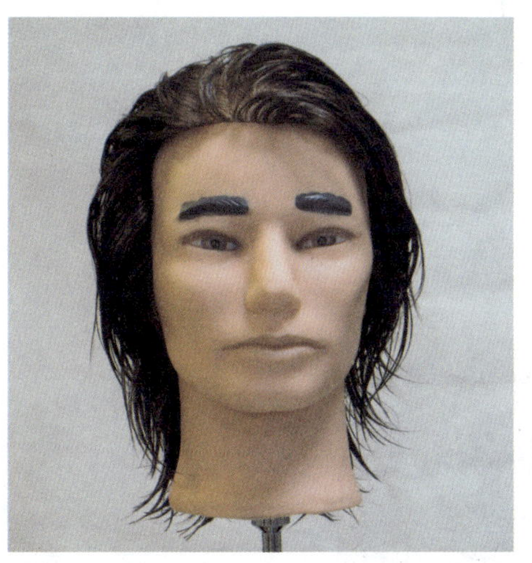

图3—31　发式修剪前原型

步骤1　修剪前先要对发型进行分区，修剪发式底部层次，如图3—32所示。

步骤2　修剪发式中部层次，如图3—33所示。

图3—32　修剪底部层次

图3—33　修剪中部层次

步骤3　修剪发式左面层次，如图3—34所示。

步骤4　修剪发式右面层次，如图3—35所示。

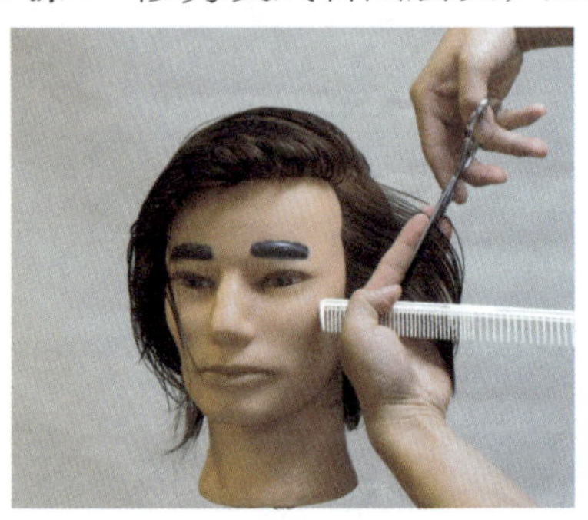
图3—34　修剪左面层次

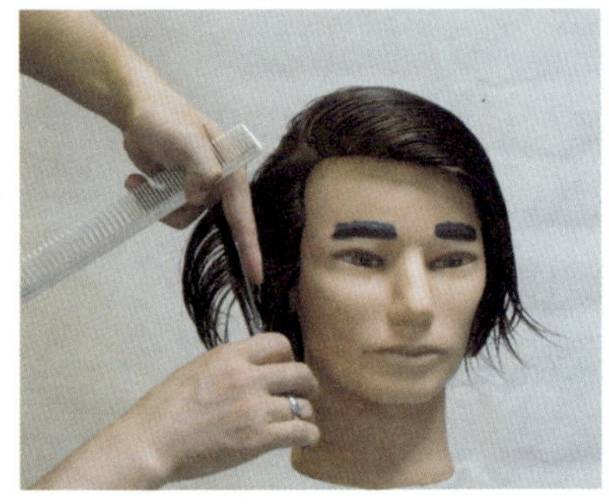
图3—35　修剪右面层次

步骤5　修剪发式顶部层次，如图3—36所示。

步骤6　修剪发式前额部层次，如图3—37所示。

图3—36　修剪顶部层次

图3—37　修剪前额部层次

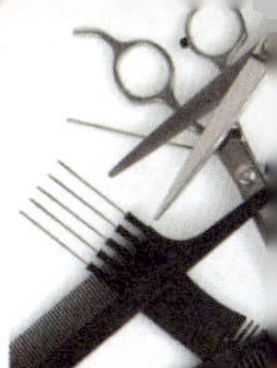

步骤7　修剪完成，如图3—38所示。

图3—38　修剪完成效果图

注意事项

（1）注意刘海的长度和顶部的衔接，刘海长度要符合脸形的要求。

（2）注意周边层次和顶部层次的衔接和匀称。

男式高色调时尚发式

操作准备

1. 工具准备

修剪前先准备修剪需要的工具：剪刀、打薄剪、围布、喷水壶、梳子，模特（或头模）等。

2. 操作前的设计构思

修剪前对发型进行设计构想，并想好修剪的步骤。修剪时要求思路清晰，动作连贯熟练。

操作步骤

发式修剪前，如图3—39所示。

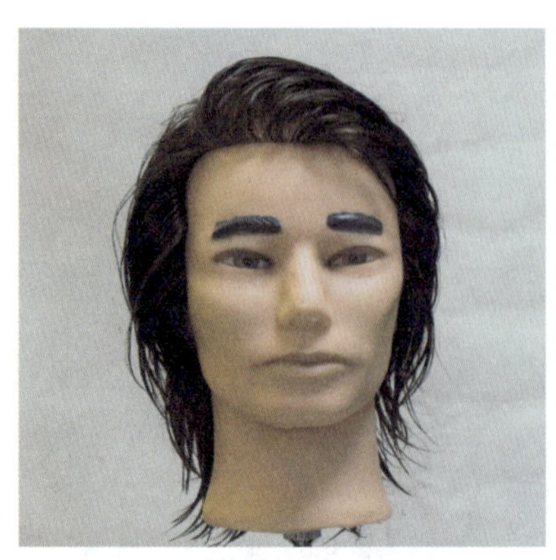

图3—39　发式修剪前原型

步骤1　修剪前先要对发型进行分区，修剪发式鬓角层次，如图3—40所示。

步骤2　修剪发式左侧层次，如图3—41所示。

图3—40　修剪鬓角层次

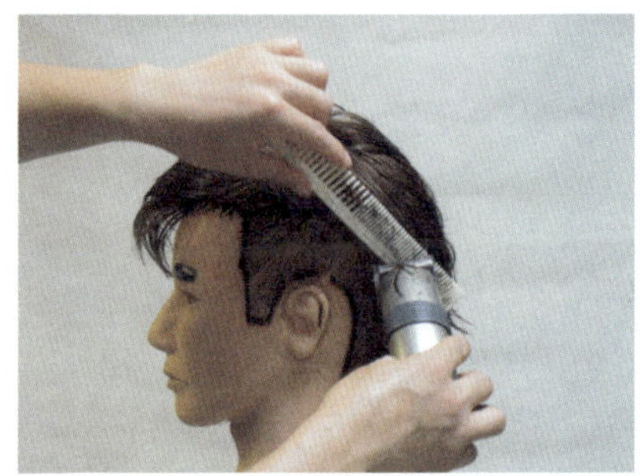

图3—41　修剪左侧层次

步骤3　修剪发式后面层次，如图3—42所示。

步骤4　修剪发式右面层次，如图3—43所示。

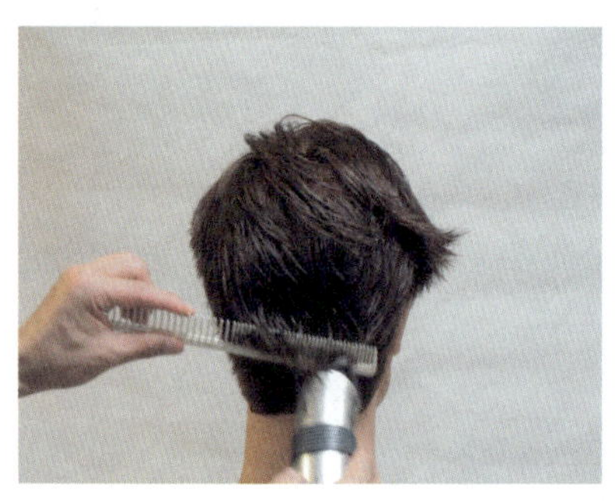

图3—42　修剪后面层次

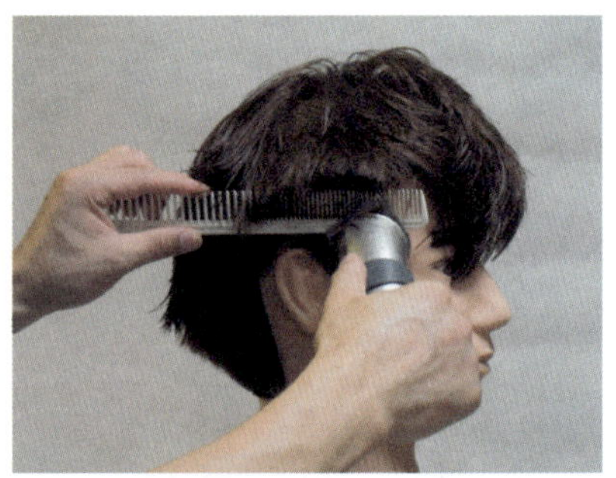

图3—43　修剪右面层次

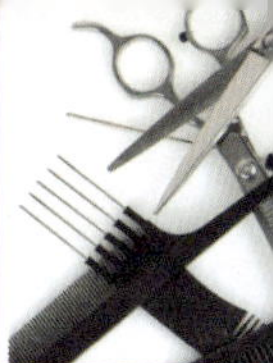

步骤5 修剪发式顶部层次，如图3—44所示。

步骤6 修剪发式前额部层次，如图3—45所示。

图3—44 修剪顶部层次

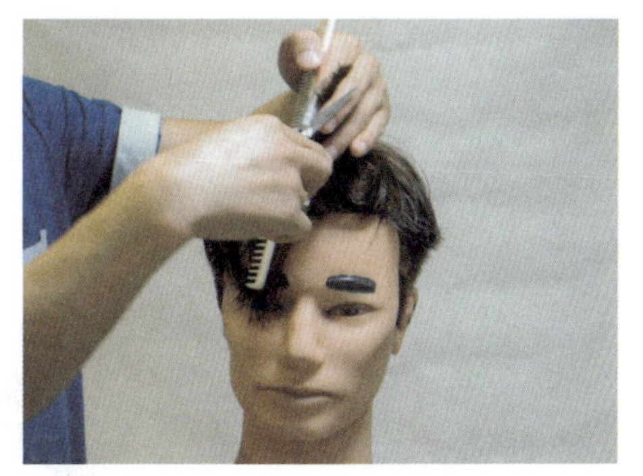

图3—45 修剪前额部层次

步骤7 修剪完成，如图3—46所示。

图3—46 修剪完成效果图

注意事项

（1）注意刘海的长度和顶部的衔接，刘海长度要符合脸形的要求。

（2）注意发式周边的色调和顶部层次的衔接，色调要匀称自然。

男式平圆头发式

操作准备

1. 工具准备

修剪前先准备修剪需要的工具：剪刀、打薄剪、围布、喷水壶、梳子，模特

（或头模）等。

2. 操作前的设计构思

修剪前对发型进行设计构想，并想好修剪的步骤。修剪时要求思路清晰，动作连贯熟练。

操作步骤

发式修剪前，如图3—47所示。

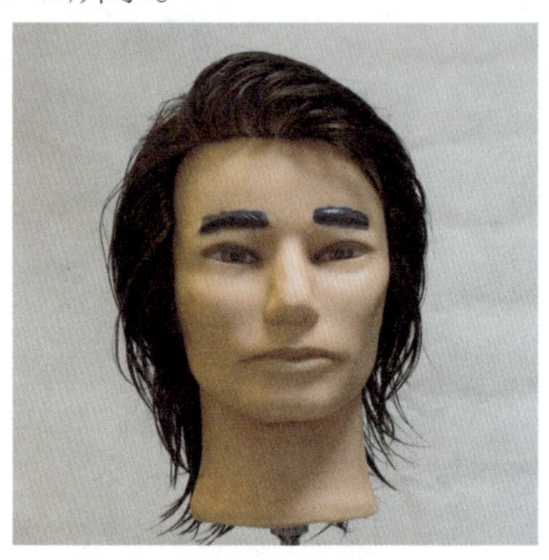

图3—47 发式修剪前原型

步骤1 修剪前先要对发型进行分区，修剪发式左侧鬓角层次，如图3—48所示。

步骤2 修剪发式左侧层次，如图3—49所示。

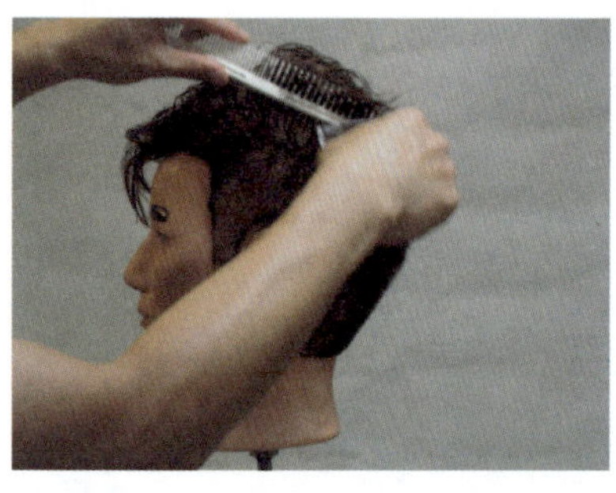

图3—48 修剪左侧鬓角层次

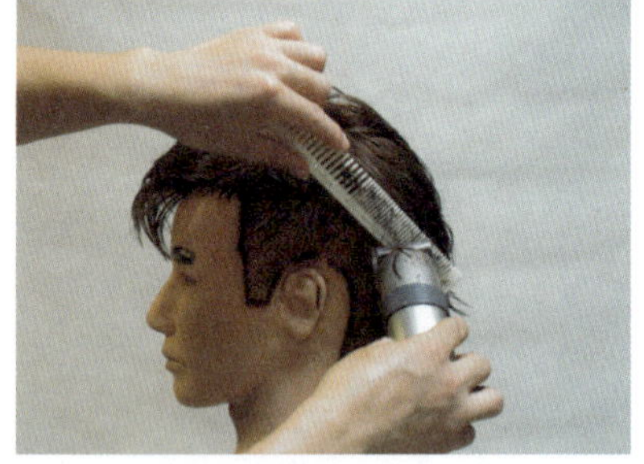

图3—49 修剪左侧层次

步骤3 修剪发式后侧层次，如图3—50所示。

步骤4 修剪发式右侧层次，如图3—51所示。

图3—50　修剪后侧层次

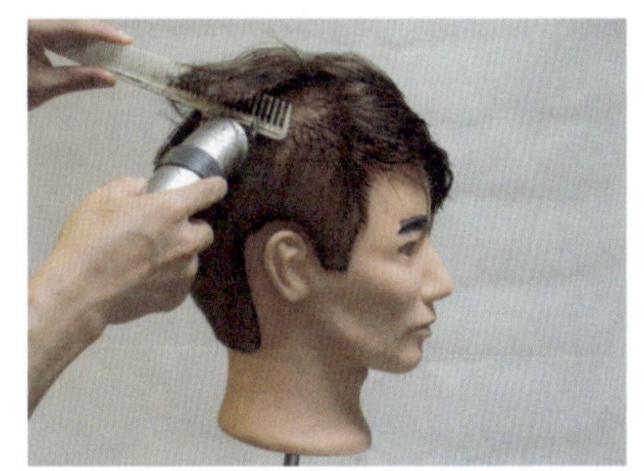

图3—51　修剪右侧层次

步骤5　修剪发式顶部层次，如图3—52所示。

步骤6　修剪发式前额部层次，如图3—53所示。

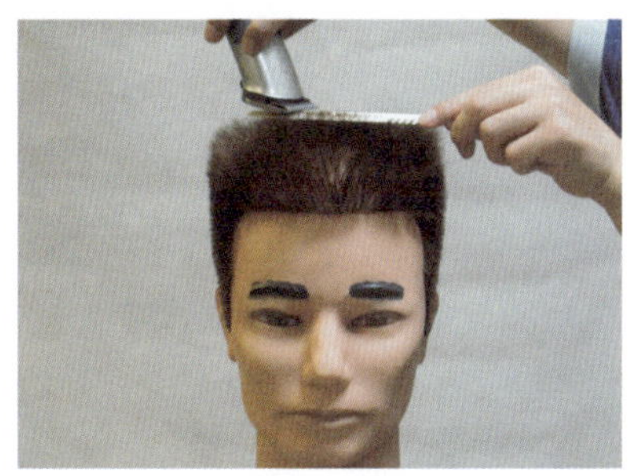

图3—52　修剪顶部层次

图3—53　修剪前额部层次

步骤7　修剪完成，如图3—54所示。

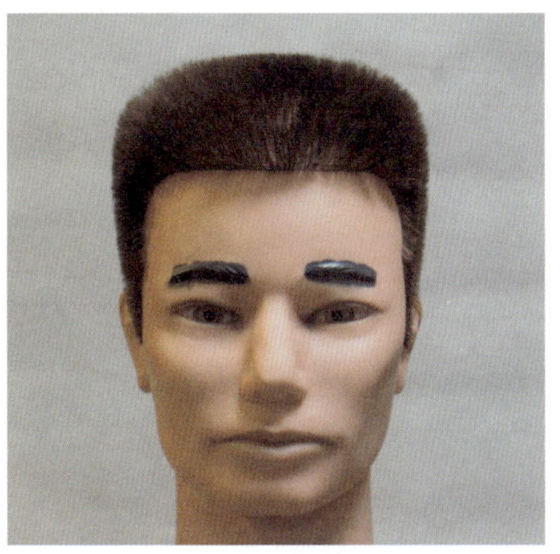

图3—54　修剪完成效果图

注意事项

（1）注意头发长度的控制符合脸形和发型要求。

（2）注意层次的衔接，做到层次连接无脱节，厚薄要均匀，色调柔和匀称。

第3节　女士发型修剪

学习目标

●了解女式短发螺旋发式、女式中长发翻翘发式、女式短发蘑菇发式、女式短发中分发式、女式中长穗发发式、女式时尚短发发型、女式时尚长发发型的概念及修剪方法

●掌握发片分份及提拉发片方法

●掌握各种女式发式修剪中层次调和、长短有序、厚薄均匀、两侧相等、轮廓圆润、四周衔接等要点

知识要求

一、发型的特点及修剪技巧

1. 发型的特点

（1）短发发型的特点。短发的特点是干净、清爽、易打理。

（2）长发发型的特点。长发的特点是可爱、清纯、妩媚、易造型。

2. 发型的修剪技巧

（1）发型修剪发片分份方法

1）水平发片分份。

2）垂直发片分份。

3）斜前发片分份。

4）斜后发片分份。

（2）发型修剪提拉方法

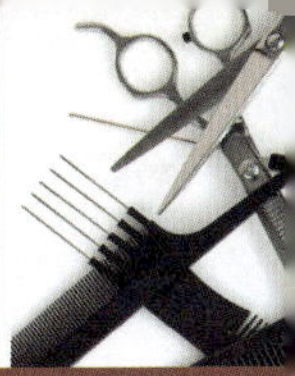

1）水平提拉发片。

2）垂直提拉发片。

3）斜向前提拉发片。

4）斜向后提拉发片。

（3）发型修剪中各种层次结构和组合关系

1）各种层次混合技巧。

2）零层次和边沿层次混合，形成低层次结构。

3）边沿层次和均等层次混合，形成中高层次结构。

4）均等层次和渐增层次混合，形成高大层次结构。

5）边沿层次、均等层次和渐增层次混合，形成多层次结构。

（4）提拉角度与层次的关系

1）提拉角度与头形成0°，零层次结构。

2）提拉角度与头形成1°～89°，边沿层次结构。

3）提拉角度与头形成90°，均等层次结构。

4）提拉角度与头形成91°～180°，渐增层次结构。

二、女式发式分类及特点

1. 女式短发螺旋发式

女式短发螺旋发式的顶部头发长度基本相等，发式轮廓线以下头发长度逐渐递减，脸形周边发式轮廓线服帖，柔和自然，刘海长度在眼睛上面，耳侧轮廓线斜向后和后发际线自然连接。

2. 女式中长发翻翘发式

女式中长发翻翘发式的头发长度在肩部左右，发式层次从上往下逐渐递减，呈边沿层次。发片提拉角度在40°～60°之间，不能过高或过低。底部轮廓线圆弧形，刘海长度在眼睛下面到鼻子之间。耳侧头发和后面头发自然连接。

3. 女式短发蘑菇发式

女式短发蘑菇发式的头发长度在肩部以上，发式后颈部枕骨层次从上往下逐

渐递减，呈高边沿层次。发片提拉角度在60° ～90° 之间，不能过低。枕骨位置往上固体层次底部轮廓线圆弧形，刘海垂直往下底线平直，长度在眼睛以上。耳侧头发和后面头发自然平行连接。

4. 女式短发中分发式

女式短发中分发式的头发长度在肩部以上，发式层次从上往下逐渐递增，呈渐增层次。后枕部以下层次呈均等层次，长度不能超过颈部，耳侧头发斜向后和后面头发自然连接。刘海长度不能过长，中间分头缝往两边分开。发型要符合脸形，具有美感。

5. 女式中长穗发发式

女式中长穗发发式的头发长度在肩部至肩部以下。发式层次从上往下逐渐递增，呈渐增层次。发片提拉角度根据头形变化，头顶头发垂直向上提拉。发型底部轮廓线圆弧形，不需要单独剪出刘海。耳侧头发和后面头发自然连接。

6. 女式时尚短发发型

女式时尚短发发型的头发长度较短，发式顶部层次为均等层次，后枕部以下层次逐渐递减呈高边沿层次，角度在60° ～89° 之间。底部轮廓线圆弧形，刘海长度在眼睛以上，耳侧头发和后面头发自然连接，后颈部层次服帖柔和。

7. 女式时尚长发发型

女式时尚长发发型的头发长度在肩部以下，发式层次从上往下逐渐递增，呈低的渐增层次。发片提拉角度在90° 以上，不能过高或过低。底部轮廓线圆弧形，刘海长度在鼻尖以下。耳侧头发和后面头发自然连接。

技能要求

女式短发螺旋发式

操作准备

1. 工具准备

修剪前先准备修剪需要的工具：剪刀、打薄剪、围布、喷水壶、梳子，模特

（或头模）等。

2. 操作前的设计构思

修剪前对发型进行设计构想，并想好修剪的步骤。修剪时要求思路清晰，动作连贯熟练。

操作步骤

发式修剪前，如图3—55所示。

图3—55 发式修剪前原型

步骤1 修剪发式底部层次，如图3—56所示。

步骤2 修剪发式中部层次，如图3—57所示。

图3—56 修剪底部层次

图3—57 修剪中部层次

步骤3 修剪发式左侧层次，如图3—58所示。

步骤4 修剪发式右侧层次，如图3—59所示。

图3—58 修剪左侧层次

图3—59 修剪右侧层次

步骤5 修剪发式顶部层次，如图3—60所示。

步骤6 修剪发式前额部层次，如图3—61所示。

图3—60 修剪顶部层次

图3—61 修剪前额部层次

步骤7　修剪完成，如图3—62所示。

图3—62　修剪完成效果图

注意事项

（1）注意顶部头发的长度和脸形周边头发长度的控制要符合脸形和发型要求。

（2）注意刘海层次和耳侧层次的衔接，耳侧和耳后的层次做到自然连接无脱节，整体头发厚薄要均匀。

女式中长发翻翘发式

操作准备

1. 工具准备

修剪前先准备修剪需要的工具：剪刀、打薄剪、围布、喷水壶、梳子，模特（或头模）等。

2. 操作前的设计构思

修剪前对发型进行设计构想，并想好修剪的步骤。修剪时要求思路清晰，动作连贯熟练。

操作步骤

发式修剪前，如图3—63所示。

图3—63　发式修剪前原型

步骤1　修剪发式底部层次，如图3—64所示。

步骤2　修剪发式中部层次，如图3—65所示。

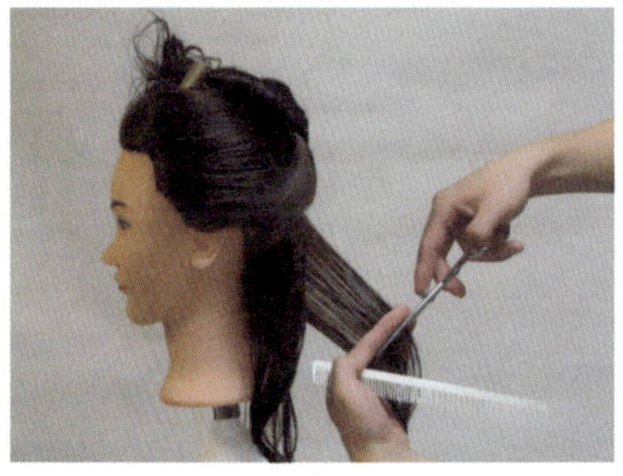

图3—64　修剪底部层次

图3—65　修剪中部层次

步骤3　修剪发式左侧层次，如图3—66所示。

步骤4　修剪发式右侧层次，如图3—67所示。

图3—66　修剪左侧层次

图3—67　修剪右侧层次

步骤5　修剪发式顶部层次，如图3—68所示。

步骤6　修剪发式前额部层次，如图3—69所示。

图3—68　修剪顶部层次

图3—69　修剪前额部层次

步骤7　修剪完成，如图3—70所示。

图3—70　修剪完成效果图

注意事项

（1）注意头发长度的控制和刘海长度的把握，要符合脸形和发型的要求。

（2）注意头发层次的衔接，注意发片提拉的角度。耳侧和耳后的层次做到自然连接无脱节，头发整体厚薄要均匀。

女式短发蘑菇发式

操作准备

1. 工具准备

修剪前先准备修剪需要的工具：剪刀、打薄剪、围布、喷水壶、梳子，模特

（或头模）等。

2. 操作前的设计构思

修剪前对发型进行设计构想，并想好修剪的步骤。修剪时要求思路清晰，动作连贯熟练。

操作步骤

发式修剪前，如图3—71所示。

图3—71　发式修剪前原型

步骤1　修剪发式底部层次，如图3—72所示。

步骤2　修剪发式中部层次，如图3—73所示。

图3—72　修剪底部层次

图3—73　修剪中部层次

步骤3　修剪发式左面层次，如图3—74所示。

步骤4　修剪发式右面层次，如图3—75所示。

图3—74　修剪左面层次

图3—75　修剪右面层次

步骤5　修剪发式顶部层次，如图3—76所示。

步骤6　修剪发式前额部层次，如图3—77所示。

图3—76　修剪顶部层次

图3—77　修剪前额部层次

步骤7　修剪完成，如图3—78～图3—80所示。

图3—78　修剪完成效果图（正面）

图3—79　修剪完成效果图（侧面）

图3—80　修剪完成效果图（后面）

注意事项

（1）注意发型后枕骨下层次的修剪。

（2）注意枕骨下边沿层次和上面固体层次的衔接。

女式短发中分发式

操作准备

1. 工具准备

修剪前先准备修剪需要的工具：剪刀、打薄剪、围布、喷水壶、梳子，模特（或头模）等。

2. 操作前的设计构思

修剪前对发型进行设计构想，并想好修剪的步骤。修剪时要求思路清晰，动作连贯熟练。

操作步骤

发式修剪前，如图3—81所示。

图3—81　发式修剪前原型

步骤1　修剪发式底部层次，如图3—82所示。

步骤2　修剪发式中部层次，如图3—83所示。

图3—82　修剪底部层次

图3—83　修剪中部层次

步骤3　修剪发式左侧层次，如图3—84所示。

步骤4　修剪发式右侧层次，如图3—85所示。

图3—84　修剪左侧层次

图3—85　修剪右侧层次

步骤5　修剪发式顶部层次，如图3—86所示。

步骤6　修剪发式前额部层次，如图3—87所示。

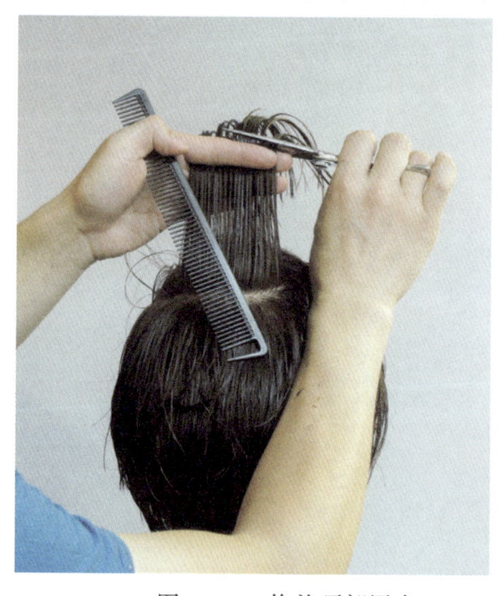
图3—86　修剪顶部层次

图3—87　修剪前额部层次

步骤7 修剪完成，如图3—88所示。

图3—88 修剪完成效果图

注意事项

（1）注意耳侧头发与后面头发层次的连接和后颈部头发长度的控制。

（2）注意刘海层次和耳侧层次的自然衔接。

女式中长穗发发式

操作准备

1. 工具准备

修剪前先准备修剪需要的工具：剪刀、打薄剪、围布、喷水壶、梳子，模特（或头模）等。

2. 操作前的设计构思

修剪前对发型进行设计构想，并想好修剪的步骤。修剪时要求思路清晰，动作连贯熟练。

操作步骤

发式修剪前，如图3—89所示。

图3—89　发式修剪前原型

步骤1　修剪发式底部层次，如图3—90所示。

步骤2　修剪发式中部层次，如图3—91所示。

图3—90　修剪底部层次

图3—91　修剪中部层次

步骤3　修剪发式左侧层次，如图3—92所示。

步骤4　修剪发式右侧层次，如图3—93所示。

图3—92　修剪左侧层次

图3—93　修剪右侧层次

步骤5　修剪发式顶部层次，如图3—94所示。

步骤6　修剪发式前额部层次，如图3—95所示。

图3—94　修剪顶部层次

图3—95　修剪前额部层次

步骤7 修剪完成，如图3—96所示。

图3—96 修剪完成效果图

注意事项

（1）注意头发长度的控制，不能过长或过短。

（2）注意从上到下层次的衔接，耳侧和后面的头发向后呈圆弧形连接。

女式时尚短发发型

操作准备

1. 工具准备

修剪前先准备修剪需要的工具：剪刀、打薄剪、围布、喷水壶、梳子，模特（或头模）等。

2. 操作前的设计构思

修剪前对发型进行设计构想，并想好修剪的步骤。修剪时要求思路清晰，动作连贯熟练。

操作步骤

发式修剪前，如图3—97所示。

图3—97 发式修剪前原型

步骤1 修剪发式底部层次，如图3—98所示。

步骤2 修剪发式中部层次，如图3—99所示。

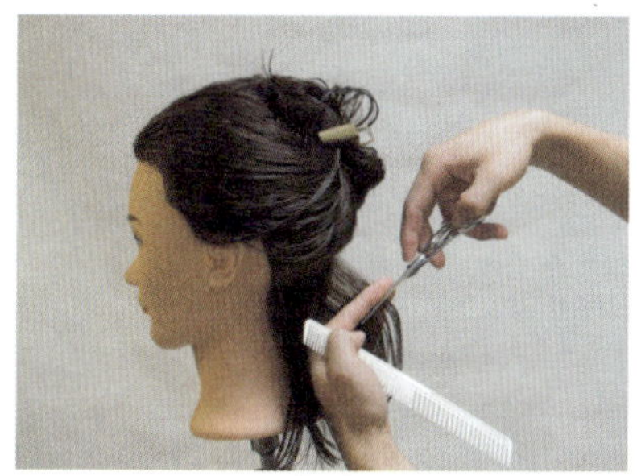
图3—98 修剪底部层次

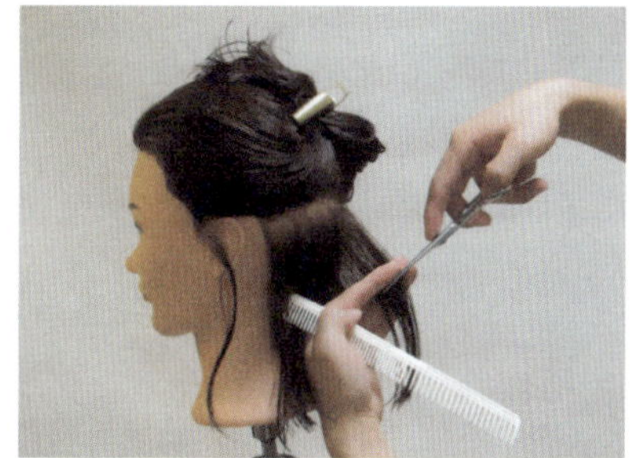
图3—99 修剪中部层次

步骤3 修剪发式左面层次，如图3—100所示。

步骤4 修剪发式右面层次

步骤5 修剪发式顶部层次，如图3—101所示。

图3—100 修剪左面层次

图3—101 修剪顶部层次

步骤6　修剪发式前额部层次，如图3—102所示。

步骤7　修剪完成，如图3—103所示。

图3—102　修剪前额部层次

图3—103　修剪完成效果图

注意事项

（1）注意头发的长度。

（2）注意层次的衔接。

女式时尚长发发型

操作准备

1. 工具准备

修剪前先准备修剪需要的工具：剪刀、打薄剪、围布、喷水壶、梳子，模特（或头模）等。

2. 操作前的设计构思

修剪前对发型进行设计构想，并想好修剪的步骤。修剪时要求思路清晰，动作连贯熟练。

操作步骤

发式修剪前，如图3—104所示。

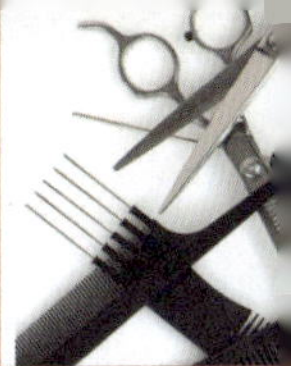

图3—104　发式修剪前原型

步骤1　修剪发式底部层次，如图3—105所示。

步骤2　修剪发式中部层次，如图3—106所示。

图3—105　修剪底部层次

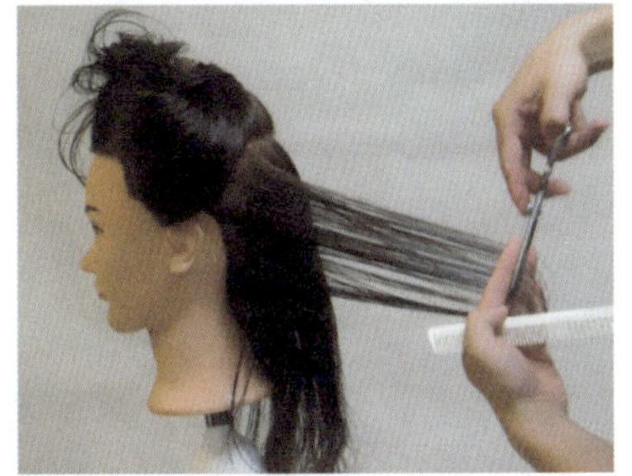

图3—106　修剪中部层次

步骤3　修剪发式左面层次，如图3—107所示。

步骤4　修剪发式右面层次，如图3—108所示。

图3—107　修剪左面层次

图3—108　修剪右面层次

步骤5 修剪发式顶部层次，如图3—109所示。

步骤6 修剪发式前额部层次，如图3—110所示。

图3—109 修剪顶部层次

图3—110 修剪前额部层次

步骤7 修剪完成，如图3—111所示。

图3—111 修剪完成效果图

注意事项

（1）注意刘海的层次和侧面头发层次的衔接。

（2）注意后面头发长度的控制、头顶层次和下面层次的连接。

第4节　修剪工具的维护和保养

学习目标

- 了解剪刀、牙剪的维护和保养方法
- 了解电推剪的维护和保养方法
- 了解其他工具的维护和保养方法

知识要求

一、剪刀、牙剪的维护和保养

（1）刀刃检查。目视检查（可使用放大镜）刀刃体是否变形、磨损，使用时避免碰摔。必要时请厂商协助。

（2）螺丝检查。定期检查开合状况，调整螺栓。将剪刀静刃打开90°，自然落下，不要一落到底，指环与消声器距离1~2 mm，调紧螺栓，慢慢闭合。如果开合轻松顺畅，就是理想状态，不可太松或太紧，微调螺丝到最佳位置。

（3）刀刃锋利度检查。可先准备一张单层的面巾纸，用水喷湿将它摊平在手上，用剪刀将它剪开，如果能轻松顺畅剪开，表示剪刀还很锐利（切断表面光滑不毛糙）；有拔起的现象，则该研磨了。

（4）正确使用剪刀，不要剪头发以外的东西。

（5）使用时避免掉落、碰撞。如果不小心发生，应立即检查，切勿继续使用。

（6）减少空剪的次数，有利于剪刀使用寿命的延长。

（7）选择较好的剪刀包，可有效保护剪刀并利于工作。

（8）每天擦拭、上油是保养最佳良方。具体操作如下：

1）从刃底向刃首方向擦拭，同时用中指感受内刃有无刮蹭，将剪刀上的水分或化学药剂及头发全部擦拭干净。触点部位容易积存肤脂、头皮，一定要擦拭干净，平时也尽量闭剪，不暴露此部位，以免脏污。

2）将保护油点入剪刀结合的压力螺丝的两刃交点，擦净余油。

3）用干净的拭布蘸一点油，将剪刀从头到尾、从里到外仔细擦一遍。除了美观外，最主要的是可防止锈斑的产生，延长使用寿命。

（9）有关维护、保养的周期，视使用状况而定，建议定期做维护保养。

二、电推剪的维护和保养

1. 电推剪的调试

（1）电推剪在出厂前，已在刀片部位加注专用推剪油，并由专业人士调试好刀片的位置及整机性能。

（2）理发前应先空机运转几秒钟，使刀片内的推剪油充分润滑刀片的接触部位，同时注意擦去渗出的推剪油，以免推剪油黏附在头发上。

（3）电推剪开、关时会发出“滴滴”的响声，也会有适度的发热和振动，这些现象不妨碍电推剪的正常使用。

2. 电推剪的维护

（1）保持电推剪的清洁，须经常在刀片处加注推剪油。

（2）连续工作时，建议使用不超过20 min。

（3）每次使用完毕，用干净的擦布擦净电推剪本体，用小毛刷刷净刀片间的碎发和污物，然后加油。

（4）清洁或更换刀片之后，须调整刀片的位置，保持上、下刀片的刀尖平齐后方可使用。

（5）电推剪在出厂前按额定电压220 V调节性能到最佳状态。使用时若电压偏高，会发出噪声，此时逆时针旋转电推剪右边的调节螺钉，直到噪声消失；若电压偏低时则刀片力度小，摆幅小，应顺时针旋转调节螺钉，直到发出噪声后，再逆时针旋转调节螺钉，直到噪声消失，此时电推剪处于最佳工作状态。

三、其他工具的维护和保养

1. 剪发工具的保养

每次使用剪刀后，清理剪刀内的发屑，坚持每天用紫外线消毒，切忌掉在地上。视情况每隔几天给剪刀上油。

2. 其他设备的保养

（1）坚持每天清洁，及时清理设备内的头发和污垢，定期检查水管是否漏水。

（2）合理布电，对于负荷功率大的设备应单独使用电源插座，并由专业电工负责接地线的工作。每天定时开关。

（3）良好的水质是焗油机达到良好效果的重要条件，因此在使用焗油机时要使用蒸馏水，这样同时也降低了不良水质对设备造成的损害。

（4）使用中发现有异常的焦煳味，应马上关掉电源，停止运转，并拔掉电源插头。每天下班前将设备恢复到原位，拔掉电源开关。

（5）延长设备使用寿命的最好方法是操作时遵守操作规程。

测 试 题

一、判断题（请将判断结果填入括号中，正确的填“√”，错误的填“×”）

1. 剃刀分为固定刀刃和一次性刀刃两种。 （ ）
2. 削刀削发时主要是依靠肘部的来回拉动来控制。 （ ）
3. 削刀运作时，着力点在食指和中指上。 （ ）
4. 长发削发削刀应在头发的2/3处为宜。 （ ）
5. 削刀削发时主要是手腕用力恰当。 （ ）
6. 削刀削后的头发轻盈飘逸，甚至卷曲，且发尾是笔尖形羽毛状。 （ ）

7. 男式有色调奔式头顶头发长度相等，发式轮廓线以下头发呈坡形并产生色调，色调幅度在4 cm以上，发型没有头缝。（ ）

8. 修剪刘海层次时要注意分缝的位置和刘海的长度。（ ）

9. 修剪男式低色调三七发式前面时头缝要分明确，不能偏离位置。（ ）

10. 修剪男士奔式前面时注意要有头缝，层次衔接自然。（ ）

11. 修剪男士毛寸前面时注意不要有头缝，层次衔接自然、匀称。（ ）

12. 修剪男士时尚发式时注意层次衔接自然、匀称。（ ）

13. 男士发型修剪要注意不需要轮廓齐圆、厚薄均匀。（ ）

14. 女式短发中分发式头发的长度由较长的顶部向较短的底部慢慢递减。（ ）

15. 边沿层次、均等层次和渐增层次混合，形成低层次结构。（ ）

16. 女式中长发斜分刘海碎发修剪时上下层次要衔接自然、协调。（ ）

17. 女式短发螺旋发式的修剪上下层次不要衔接自然、协调。（ ）

18. 女式短发中分发式的修剪上下层次要衔接自然、协调。（ ）

19. 女式短发翻翘发式的修剪上下层次要衔接自然、协调。（ ）

20. 女士发型修剪时要注意厚薄均匀、两侧相等。（ ）

二、单项选择题（选择一个正确的答案，将相应的字母填入括号中）

1. 削刀削发时主要依靠（ ）摆动来控制。

A. 手腕 B. 肘部 C. 手指 D. 手臂

2. 削刀削剪操作时，动作的技巧变化主要表现在（ ），位置及刀刃和头发接触面的大小、多少等方面。

A. 力度 B. 角度 C. 幅度 D. 切面

3. 削刀运作时，着力点在（ ）上。

A. 食指和中指 B. 中指和无名指 C. 食指和拇指 D. 拇指和中指

4. （ ）运作时，着力点在食指和拇指上。

A. 剪刀 B. 电推子 C. 打薄剪 D. 削刀

5. 削发的适时运用会使发型更具有（ ）。

A. 轻盈美 B. 飘逸美 C. 动感美 D. 自然美

6. 削刀削后的头发（ ）飘逸。

A. 羽毛状 B. 扇形 C. 三角形 D. 厚重型

7. 男士发型修剪要注意（ ）匀称、两边相等。

A. 层次 B. 色调 C. 长度 D. 高低

8. 男士发型修剪要注意高低适度、前后（ ）。

A. 自然 B. 硬朗 C. 参差 D. 相称

9. 男士发型修剪要注意轮廓齐圆、厚薄（ ）。

A. 自然 B. 硬朗 C. 均匀 D. 相称

10. 推剪出的色调与顶部头发容易产生发式轮廓线，一般使用（ ）来处理过渡区域。

A. 挑剪 B. 推剪 C. 滑剪 D. 平剪

11. 使用（ ）来处理过渡区域，使其自然衔接。

A. 挑剪 B. 推剪 C. 滑剪 D. 平剪

12. 发梳引导头发，以底部（ ）出的色调为导线，缓慢向上呈弧形移动，剪刀贴合梳子进行修剪。

A. 挑剪 B. 推剪 C. 滑剪 D. 平剪

13. 女式短发中分发式的修剪要分好区后，从后（ ）开始层次的修剪。

A. 侧边 B. 后边 C. 头顶 D. 颈部

14. 女式短发中分发式的修剪时，刘海的层次要和（ ）连接。

A. 侧边 B. 后边 C. 头顶 D. 枕骨

15. 女式短发中分发式的修剪时，（ ）层次要衔接自然、协调。

A. 侧边 B. 上下 C. 头顶 D. 左右

16. 女士发型修剪时要注意（ ）、长短有序。

A. 层次调和 B. 四周衔接 C. 厚薄均匀 D. 两侧相等

17. 女士发型修剪时要注意轮廓圆润、（ ）。

A. 层次调和 B. 四周衔接 C. 厚薄均匀 D. 两侧相等

18. 女士发型修剪时要注意厚薄均匀、（ ）。

A. 层次调和 B. 四周衔接 C. 长短有序 D. 两侧相等

19. 提拉角度与头形成（　　），零层次结构。

A. 0°　　B. 45°　　C. 1° ～89°　　D. 90°

20. 提拉角度与头形成（　　），边沿层次结构。

A. 0°　　B. 45°　　C. 1° ～89°　　D. 90°

测试题答案

一、判断题

1. √	2. ×	3. ×	4. √	5. √	6. √	7. √
8. √	9. √	10. ×	11. √	12. √	13. ×	14. √
15. ×	16. √	17. ×	18. √	19. √	20. √	

二、单项选择题

1. A	2. B	3. C	4. D	5. C	6. A	7. B
8. D	9. C	10. A	11. A	12. B	13. D	14. A
15. B	16. A	17. B	18. D	19. A	20. C	

第 4 章　吹风造型

第 1 节 造型知识

学习单元1 造型目的及造型品的认识和使用

学习目标

- 掌握固发、饰发用品的特性及使用方法
- 了解吹风造型的目的

知识要求

一、吹风造型的目的

（1）改变发型的轮廓。

（2）改变发型的风格。

（3）改变头发的流向。

（4）弥补脸形和头形的不足。

（5）调整发量。

吹风、梳理实际上是以“理”为主，其目的是整理线条 、块面，使其顺畅、统一，调理线条的弹性、流向和弧度，修饰轮廓的松紧、高低、虚实和发尾的流向。

二、固发、饰发用品的认识

1. 固发、饰发品的种类

（1）发油。呈液体状，无色无味，能增加头发的油性和光泽。发油适用于干性、中性以及受损发质。

（2）发胶。水状的带有黏性的液体产品，对发型具有较强的定型能力。

（3）发蜡。固体状的带有黏性的产品，对发型具有定型和调整发式纹理的作用。

（4）啫喱。膏状的透明浓稠的液体，对发型具有定型和保湿的作用。

（5）摩丝。泡沫状的带有轻微黏性的造型产品，具有保湿和轻微定型的作用。

（6）发夹。固定头发和改变发丝形状的工具。

2. 各种固发、饰发品的作用

（1）发油。能增加头发的油性和光泽。发油适用于干性、中性以及受损发质。

（2）发胶。对发型具有较强的定型能力。

（3）发蜡。对发型具有定型和调整发式纹理的作用。

（4）啫喱。对发型具有定型和保湿的作用。

（5）摩丝。具有保湿和轻微定型的作用。

3. 各种固发、饰发品的使用方法及注意事项

（1）发油。一般在吹风后涂抹于头发表面或头发受损部位。涂抹时切勿用力按压，以免造成塌陷。

（2）发蜡。一般在吹风后用手蘸取少量发蜡根据造型要求灵活造型。应使用手指蘸取适量发蜡进行造型，避免大面积涂抹。

（3）发胶。在传统发型上广泛使用，喷洒完成后需要烘干才能定型。喷洒时应保持一定距离，避免气压将头发吹散。

（4）啫喱。一般在烫后湿发上使用，均匀涂抹于卷曲部位。涂抹重点在于发尾以及卷曲部分。

（5）摩丝。使用时一般不直接涂抹于头发上，而是涂抹于发梳上，然后梳至所需造型部位。干发湿发上均可使用，避免涂抹于发根，以免造成塌陷。

学习单元2　工具与吹风机的配合

学习目标

- 掌握梳刷等造型工具的使用方法
- 了解梳理造型工具使用技巧
- 了解不同吹风工具的性能和使用方法

● 了解不同工具的效果和区别

知识要求

一、梳理造型工具使用技巧

1. 梳刷的认识及使用

使用时要注意梳刷拉头发的力度，还有梳刷和头发之间的角度。要充分了解掌握每种梳刷的使用方法和功能，注意根据造型的需要选择合适的造型工具，合适的造型工具的选择可以达到事半功倍的效果。例如，短发要吹粗犷的线条，选择排骨刷比较合适。

（1）排骨刷。梳子前部梳齿扇形排列，梳背有规律的镂空。适用于短发以及前额刘海的吹风造型。

排骨刷造型后具有丝纹粗犷、动感强的特点。

1）别法。梳齿面向头发，将发根处头发与造型方向反向提拉，使其具有弧度和高度。

2）翻法。梳齿面向头发，运用手指转动将头发做180° 翻转，使头发产生弧度。

（2）滚刷。梳子呈圆形木棒状，前部被梳齿360° 平行排列状包围，适用于中长发和长发的吹风造型。

滚刷造型后能使头发富有弹性和光泽。

1）拉法。梳齿面向头发，自发根处带起头发梳向发梢，吹风机随之送风，使头发平直光亮。

2）旋转法。用梳齿带动头发做360° 旋转，吹风机随之送风，使头发产生卷曲和弹性。

（3）九行刷。顾名思义就是梳子有九行梳齿，梳齿呈扇形排列。一般在吹风后整理时使用。

九行刷造型后能使发型丝纹细腻柔和。

刷法为梳齿面向头发，根据发型要求梳理头发，使头发丝纹连贯服帖，也适用于梳理波浪式发型以及束发造型。

（4）钢丝刷。梳齿都是钢丝做成的。适用于梳理波浪式发型以及束发造型。

钢丝刷能使梳刷后的头发发丝清晰亮丽。

刷法为梳齿面向头发，根据发型要求梳理头发，使头发丝纹连贯服帖，也适用于梳理波浪式发型以及束发造型。

2. 吹风工具的选择及使用

吹风工具的选择也是不可忽略的一个环节，首先要掌握好不同吹风工具的性能，再根据不同工具的性能和不同造型的效果来选择合适的吹风工具。例如，要让发型的四周服帖，就要选择无声吹风机来吹风。

（1）有声吹风机是我们常用的吹发造型工具，易于吹干头发和吹出各种造型。

（2）无声吹风机主要用于造型后的定型或者对发型局部进行特殊处理时使用。

（3）大吹风机也叫烘发机，主要作用是恤发，可以快速均匀地对整个头部进行吹风加热，一般用于恤发烘干工作。

3. 梳刷与吹风机配合

在日常美发操作中，吹风机的使用和梳刷的配合是十分重要的，特别是梳刷对头发变化起到关键的作用。

（1）角度。梳刷带起头发的角度大小，可以决定发型的蓬松度。

（2）力度。双手使用梳刷的力度要均匀，避免发束高低不等、弧度大小不同。

（3）发量。梳刷每次所带起的发量要均等，使发片均匀受热，避免因发量过多造成吹风不透所导致的发型塌陷现象。

（4）弧度。梳刷带起头发的弧度要适中，并且有缓慢过渡，避免造成不协调。

二、不同吹风工具的性能

1. 有声吹风机

有声吹风机（大功率吹风机）是发型造型的主要工具，具有热量高、风量大

的特点。适合吹较粗硬的发质，噪声较大。

有声吹风机主要用于吹发型的造型，风力比较大，易于吹干头发和吹梳造型。

2. 无声吹风机

无声吹风机（小功率吹风机）是发型定型的主要工具，具有热量小、热量集中的特点。采用感应式电动机，噪声小，适合吹细软的头发或定型时使用。一般功率在450~500 W左右。

无声吹风机主要用于造型后的定型，风力比较小，温度高，容易对发型进行快速定型而且不会破坏吹好的造型。

3. 大吹风机

大吹风机（烘发机）主要用于烘干湿发或烫发加热。用卷筒将洗过的头发卷好后直接进入烘发机内烘25～35 min，冷却10 min后，拆去卷筒再进行打理。

烘发机主要用于恤发，风力大，温度可调控，可以快速均匀地对整个头部进行吹风加热，一般用于造型的初期烘干工作。

三、吹风机吹风技巧的掌握

1. 送风角度

一般吹风口不能对着头发直接送风，而应该将吹风机侧斜着，风口与头发成45° 角左右。

2. 送风时间

时间的掌握应根据发型及发质来定。注意不能将风口对准一点长时间送风，以免将头发吹焦，损伤发质。

3. 送风位置

送风位置正确与否，直接影响到发型的高度、弧度和流向。

第 2 节　吹风知识

学习单元1　男士发型吹风造型

学习目标

- 了解男式无色调中分发式、男式低色调三七发式、男式有色调卷发发式、男式无色调时尚发式、男式高色调时尚发式、造型特点
- 掌握各种男士发型的吹风造型方法
- 掌握造型轮廓饱满圆润、纹理清晰流畅、发型弧度适度、富有立体感、两边相等、轮廓齐圆等要点

知识要求

一、男式无色调中分发式

男式无色调中分发式没有明显的发式轮廓线，发式轮廓线以下头发从长到短递减，内轮廓线自然柔和，没有色调。头顶头发长度基本相等，发型头顶中间有头缝，造型轮廓饱满，纹理清晰流畅。

二、男式低色调三七发式

男式低色调三七发式的头顶头发长度一致，发式轮廓线以下头发呈坡形并产生较低的色调，色调幅度不超过3 cm。发型前额刘海在脸形宽度的3/10处进行三七分缝。造型轮廓饱满圆润，纹理清晰流畅。发型的弧度适度，富有立体感。

三、男式有色调卷发发式

男式有色调卷发发式的头发修剪前头发是烫过的，发式轮廓线以下头发呈坡形并产生渐变的有层次的色调，色调幅度在4 cm以上。头顶头发和刘海长度基本一致。造型轮廓饱满，纹理清晰流畅。

四、男式无色调时尚发式

男式无色调时尚发式的发式轮廓线以下头发从长到短递减产生较柔和的层次，轮廓线下没有色调。头顶头发长度基本一致，和轮廓线下头发自然衔接。刘海长度符合脸形要求，发型刘海不分头缝。造型轮廓饱满圆润，纹理清晰流畅。发型的弧度适度，富有立体感。

五、男式高色调时尚发式

男式高色调时尚发式的发式轮廓线以下头发呈坡形并产生较高的渐变色调，色调幅度超过5 cm以上。头顶头发长度基本一致，刘海长度偏长一些，发型刘海不分头缝，斜向一边。造型轮廓饱满，纹理清晰流畅，具有时尚感。

技能要求

男式无色调中分发式

操作准备

（1）准备修剪好的发型头模或真人模特。

（2）准备好吹发型的吹风机和梳子、造型品等工具。

操作步骤

步骤1 头发整体吹至五六成干，如图4—1所示。

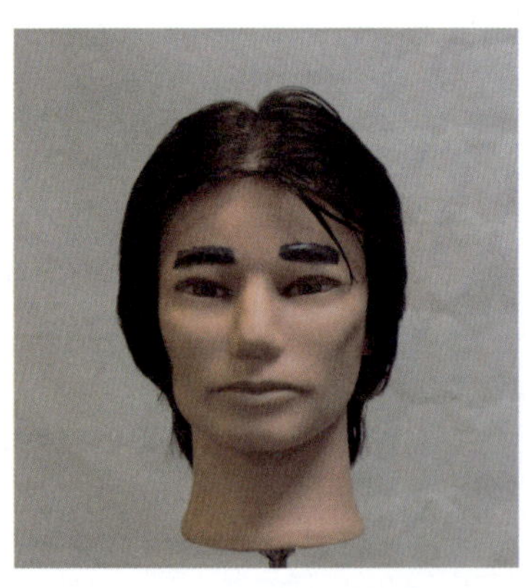

图4—1 吹至五六成干

步骤2　吹底部，如图4—2所示。

步骤3　吹中部，如图4—3所示。

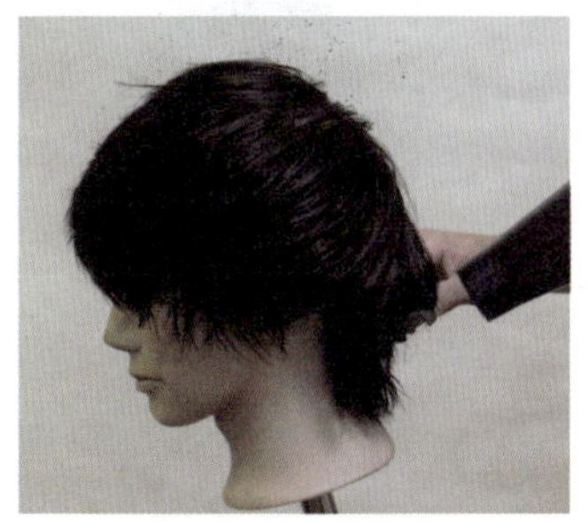

图4—2　吹底部

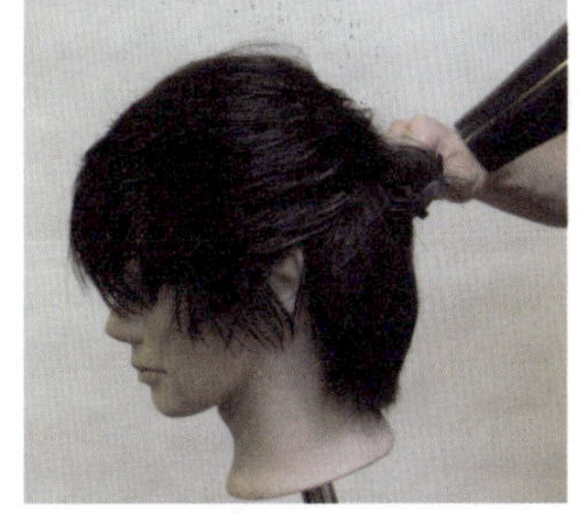

图4—3　吹中部

步骤4　吹左面，如图4—4所示。

步骤5　吹右面，如图4—5所示。

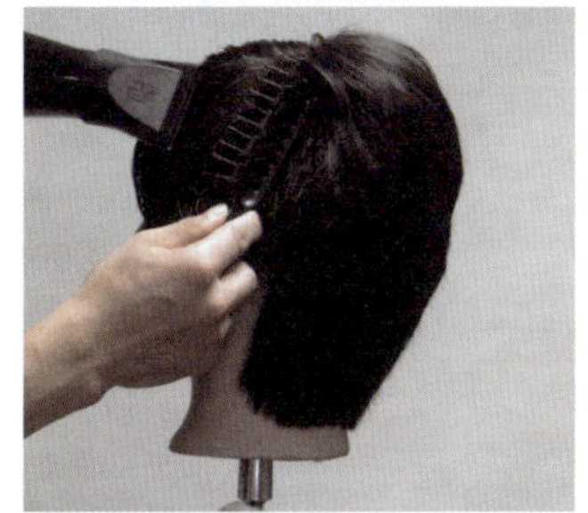

图4—4　吹左面

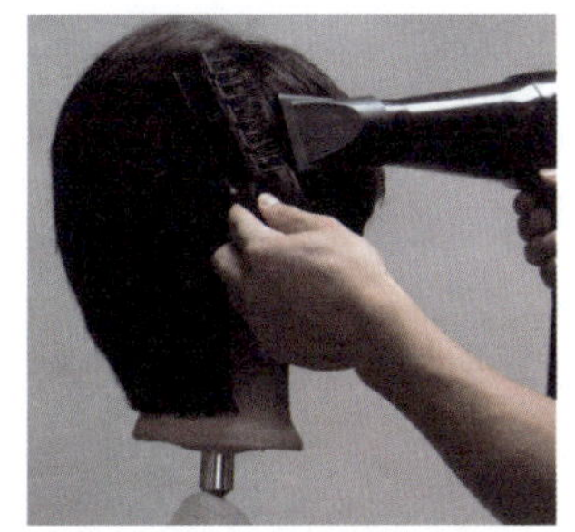

图4—5　吹右面

步骤6　吹顶部，如图4—6所示。

步骤7　吹额前，如图4—7所示。

图4—6　吹顶部

图4—7　吹额前

步骤8 造型完成，如图4—8和图4—9所示。

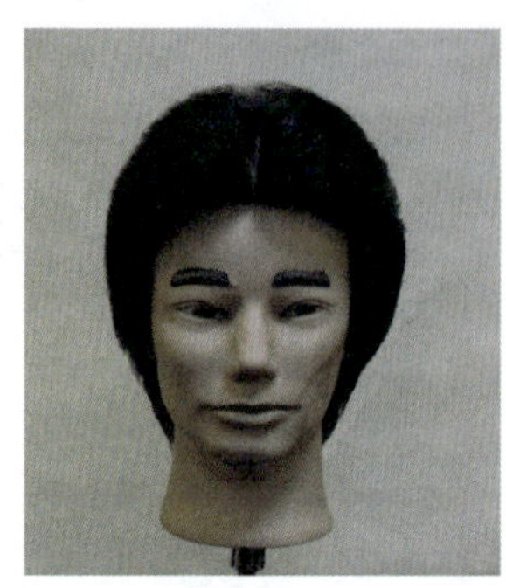

图4—8 吹风造型完成效果图（正面）

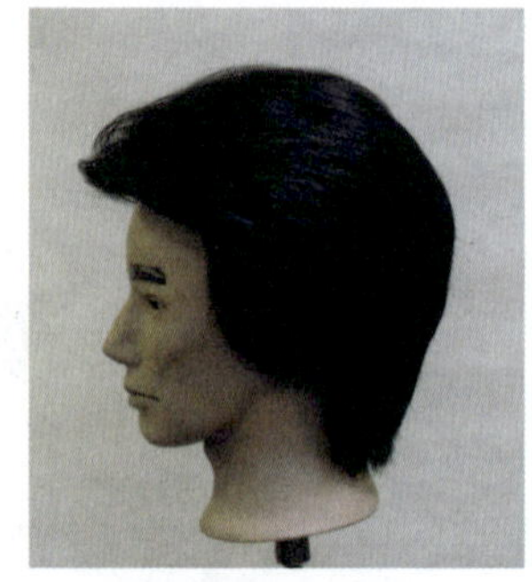

图4—9 吹风造型完成效果图（侧面）

注意事项

（1）注意吹风时的角度。

（2）吹风时发型的式样不要偏离要求。

（3）发型发丝的纹理走向要符合发型。

（4）合理使用梳子，注意使用的技巧。

男式低色调三七发式

操作准备

（1）准备修剪好的发型头模或真人模特。

（2）准备好吹发型的吹风机和梳子、造型品等工具。

操作步骤

步骤1 头发整体吹至五六成干，如图4—10所示。

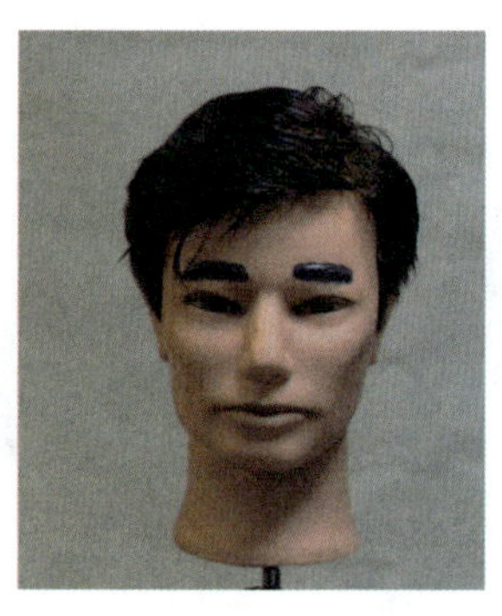

图4—10 吹至五六成干

步骤2　吹底部，如图4—11所示。

步骤3　吹中部，如图4—12所示。

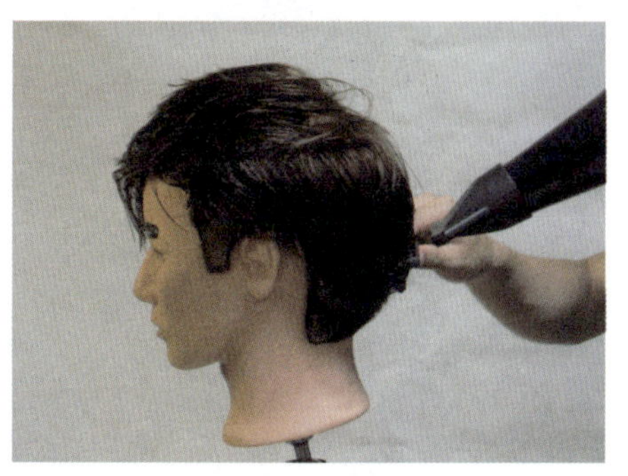

图4—11　吹底部

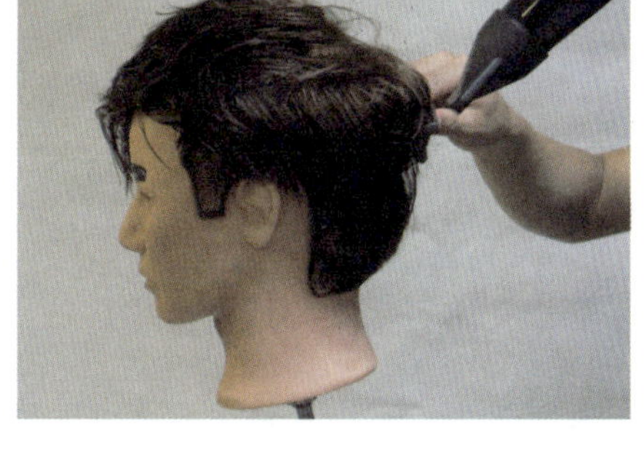

图4—12　吹中部

步骤4　吹左面，如图4—13所示。

步骤5　吹右面，如图4—14所示。

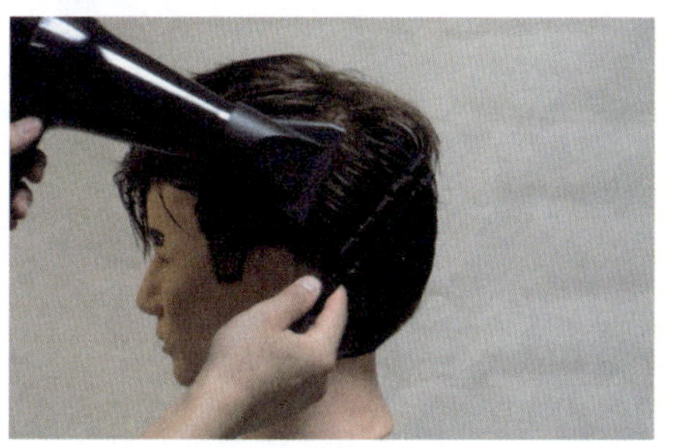

图4—13　吹左面

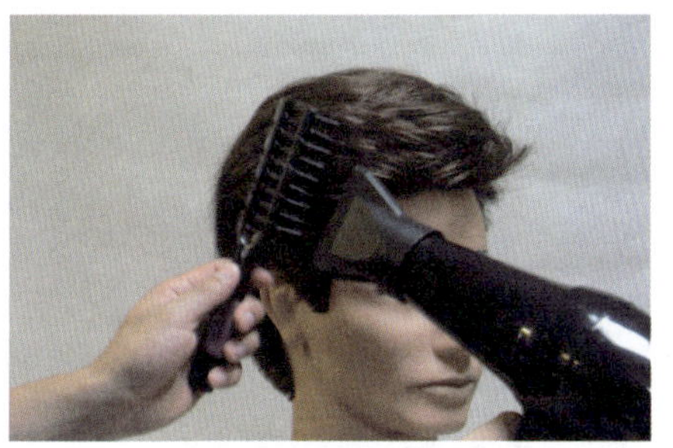

图4—14　吹右面

步骤6　吹顶部，如图4—15所示。

步骤7　吹额前，如图4—16所示。

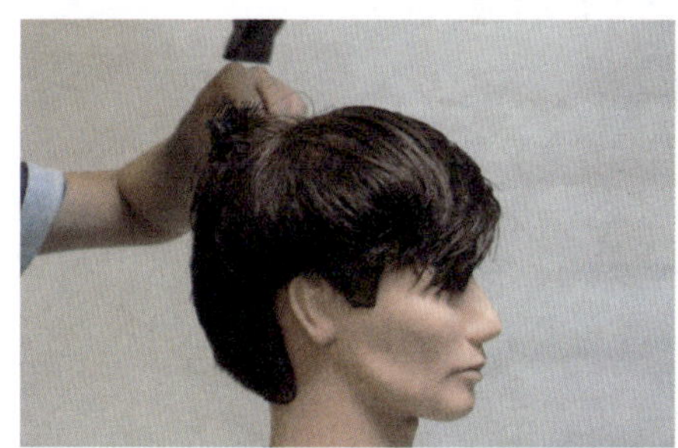

图4—15　吹顶部

图4—16　吹额前

步骤8 造型完成，如图4—17和图4—18所示。

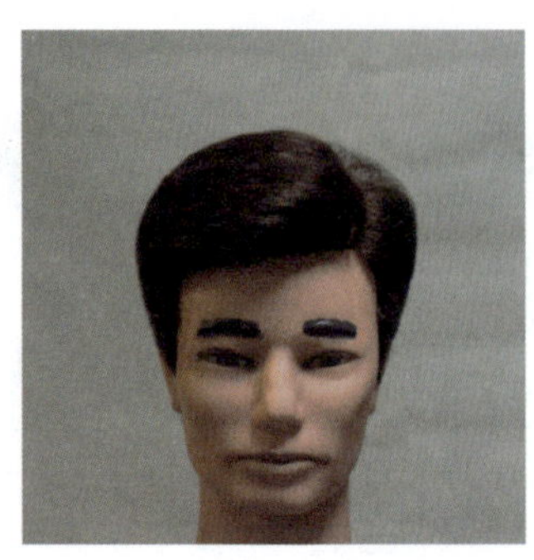

图4—17 吹风造型完成效果图（正面）

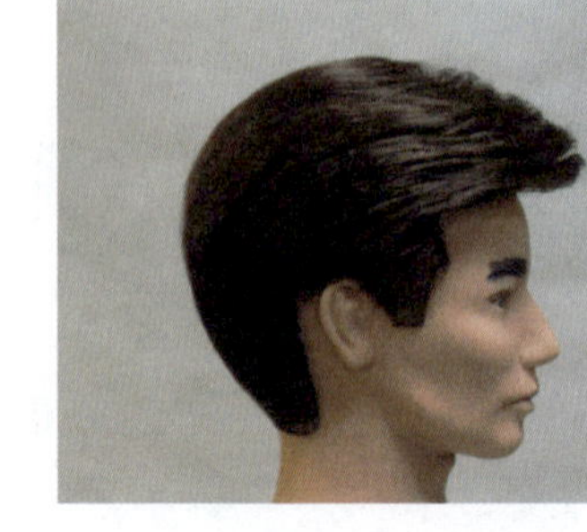

图4—18 吹风造型完成效果图（侧面）

注意事项

（1）注意吹风时的角度。

（2）吹风时发型的式样不要偏离要求，注意头缝的位置。

（3）发型发丝的纹理走向要符合发型。

（4）合理使用梳子，注意使用的技巧。

男式有色调卷发发式

操作准备

（1）准备修剪好的发型头模或真人模特。

（2）准备好吹发型的吹风机和梳子、造型品等工具。

操作步骤

步骤1 头发整体吹至五六成干，如图4—19所示。

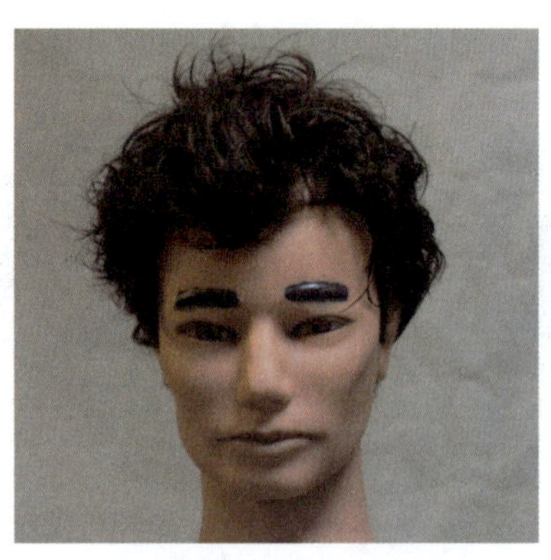

图4—19 吹至五六成干

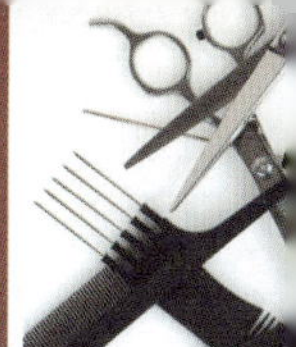

步骤2 吹底部，如图4—20所示。

步骤3 吹中部，如图4—21所示。

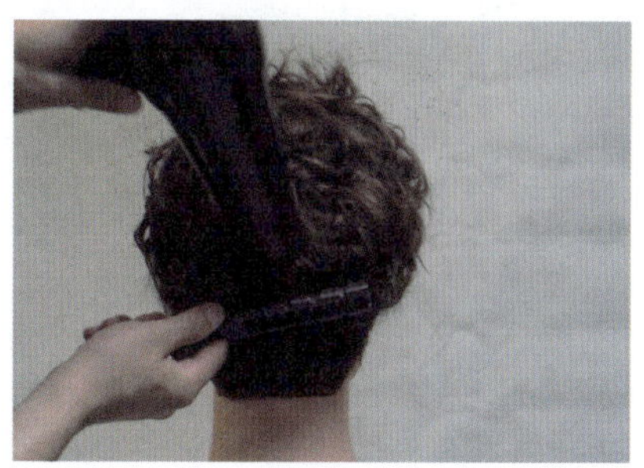

图4—20 吹底部

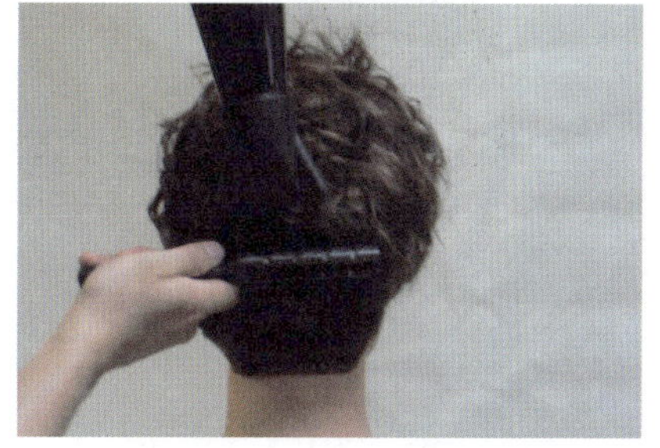

图4—21 吹中部

步骤4 吹左面，如图4—22所示。

步骤5 吹右面，如图4—23所示。

图4—22 吹左面

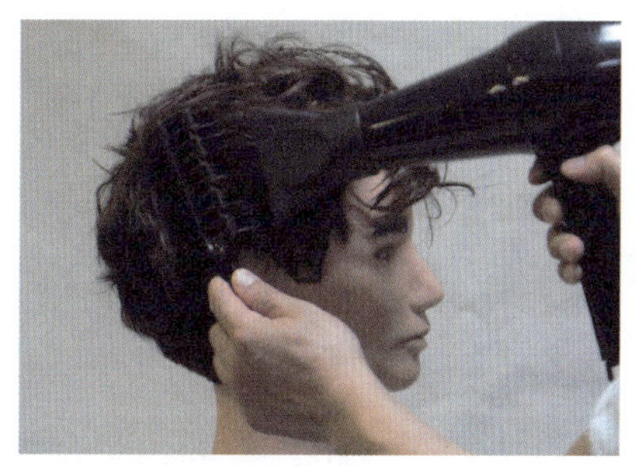

图4—23 吹右面

步骤6 吹顶部，如图4—24所示。

步骤7 吹额前，如图4—25所示。

图4—24 吹顶部

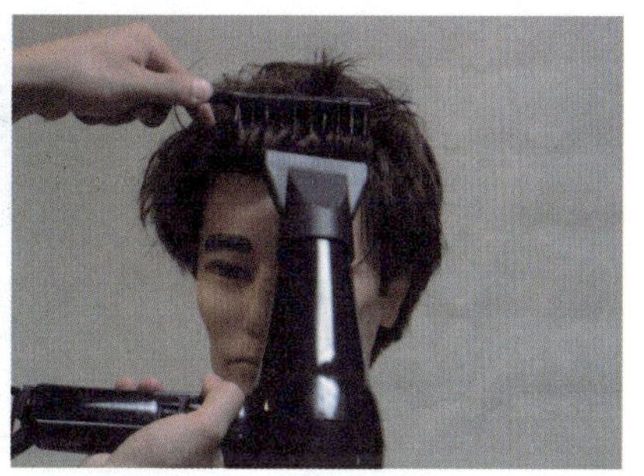

图4—25 吹额前

步骤8 造型完成，如图4—26和图4—27所示。

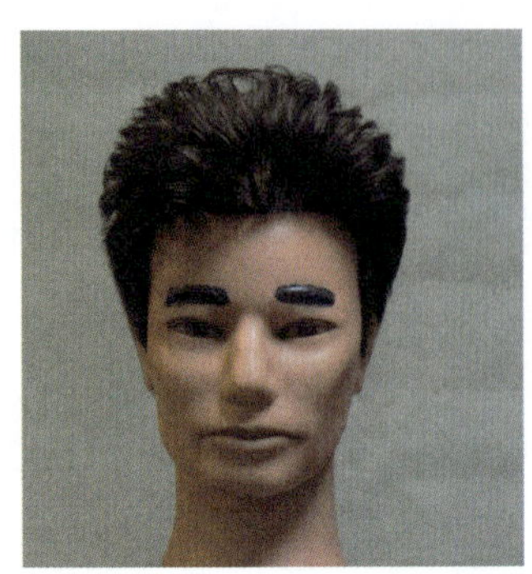

图4—26 吹风造型完成效果图（正面）

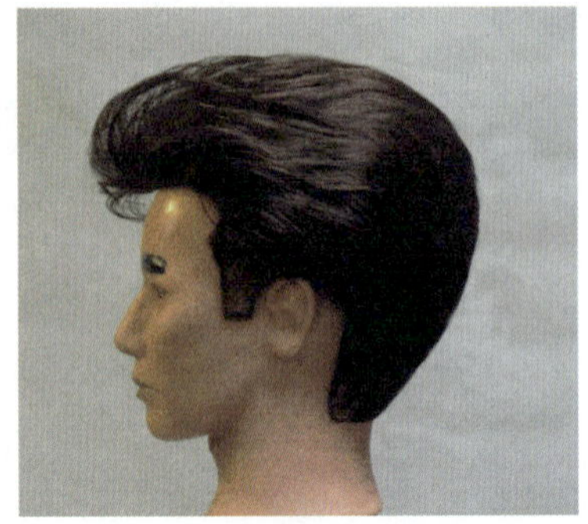

图4—27 吹风造型完成效果图（侧面）

注意事项

（1）注意吹风时的角度。

（2）吹风时发型的式样不要偏离要求。

（3）发型发丝的纹理走向要符合发型。

（4）合理使用梳子，注意使用的技巧。

男式无色调时尚发式

操作准备

（1）准备修剪好的发型头模或真人模特。

（2）准备好吹发型的吹风机和梳子、造型品等工具。

操作步骤

步骤1 头发整体吹至五六成干，如图4—28所示。

图4—28 吹至五六成干

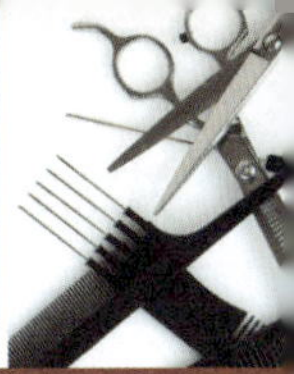

步骤2 吹底部，如图4—29所示。

步骤3 吹中部，如图4—30所示。

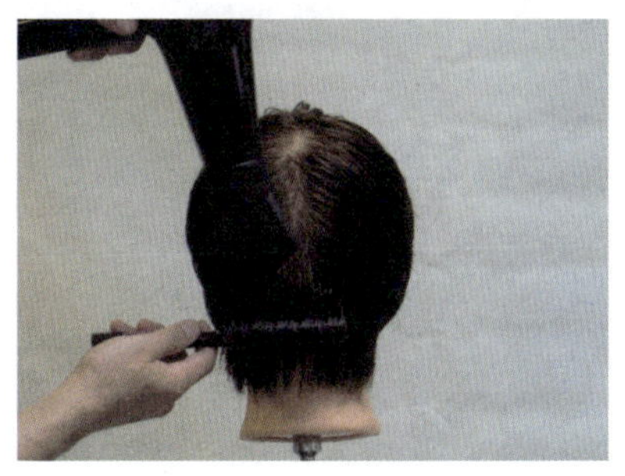

图4—29 吹底部

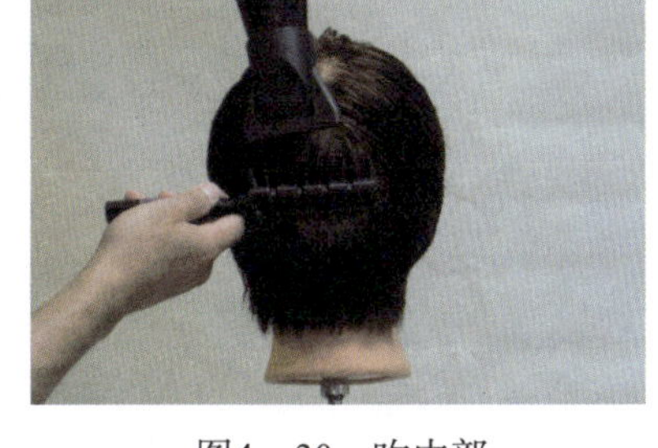

图4—30 吹中部

步骤4 吹左面，如图4—31所示。

步骤5 吹右面，如图4—32所示。

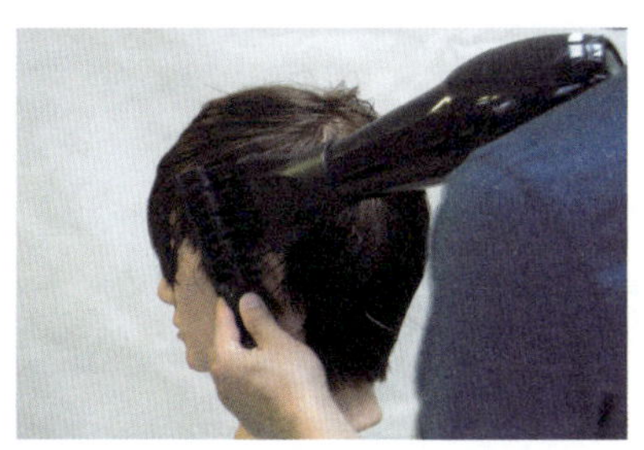

图4—31 吹左面

图4—32 吹右面

步骤6 吹顶部，如图4—33所示。

步骤7 吹额前，如图4—34所示。

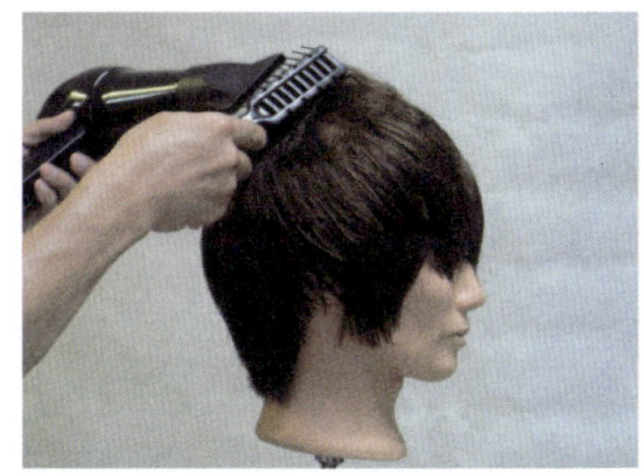

图4—33 吹顶部

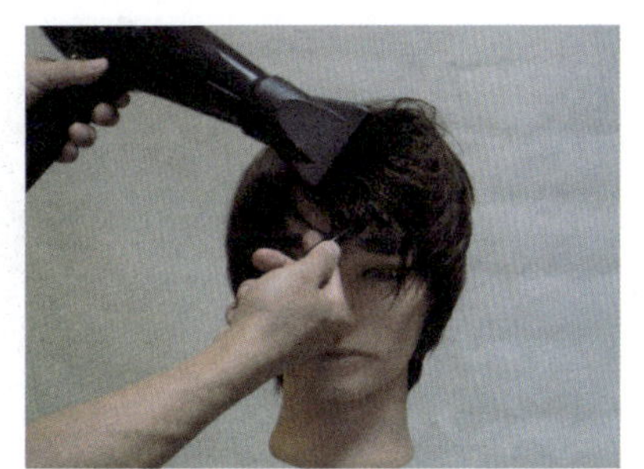

图4—34 吹额前

步骤8 造型完成，如图4—35和图4—36所示。

图4—35 吹风造型完成效果图（正面）

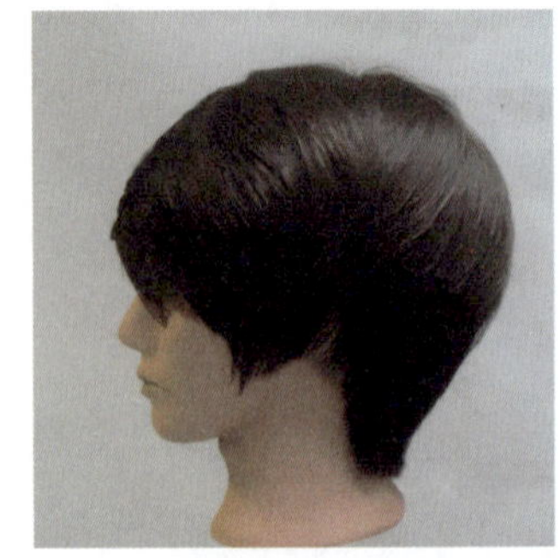

图4—36 吹风造型完成效果图（侧面）

注意事项

（1）注意吹风时的角度。

（2）吹风时发型的式样不要偏离要求。

（3）发型发丝的纹理走向要符合发型。

（4）合理使用梳子，注意使用的技巧。

男式高色调时尚发式

操作准备

（1）准备修剪好的发型头模或真人模特。

（2）准备好吹发型的吹风机和梳子、造型品等工具。

操作步骤

步骤1 头发整体吹至五六成干，如图4—37所示。

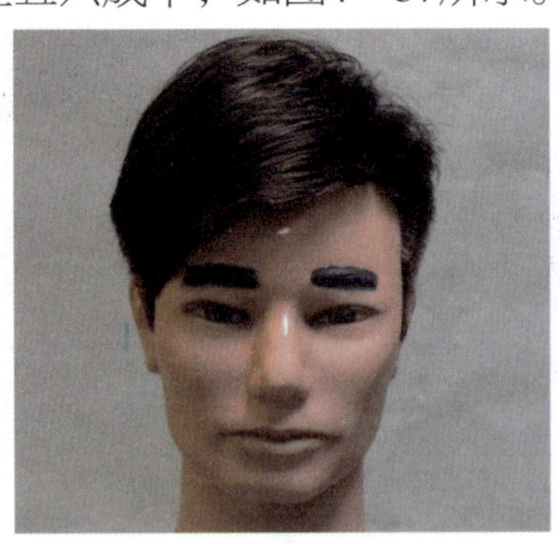

图4—37 吹至五六成干

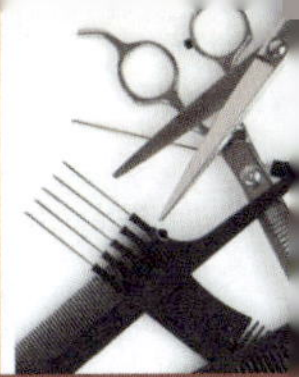

步骤2　吹底部，如图4—38所示。

步骤3　吹中部，如图4—39所示。

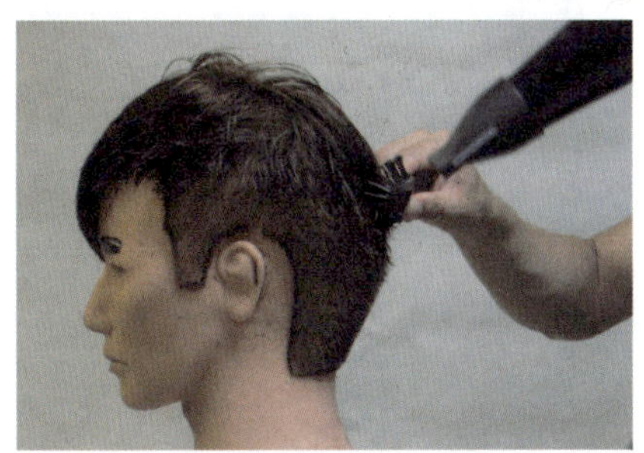

图4—38　吹底部

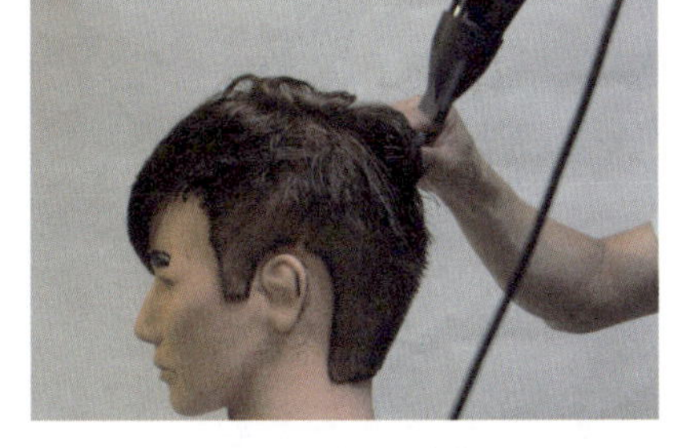

图4—39　吹中部

步骤4　吹左面，如图4—40所示。

步骤5　吹右面，如图4—41所示。

图4—40　吹左面

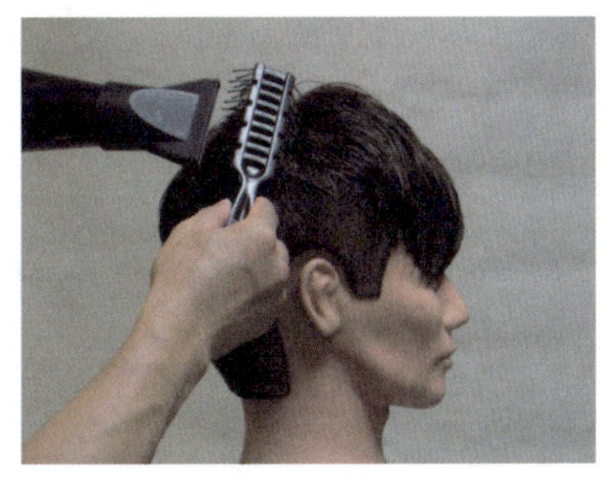

图4—41　吹右面

步骤6　吹顶部，如图4—42所示。

步骤7　吹额前，如图4—43所示。

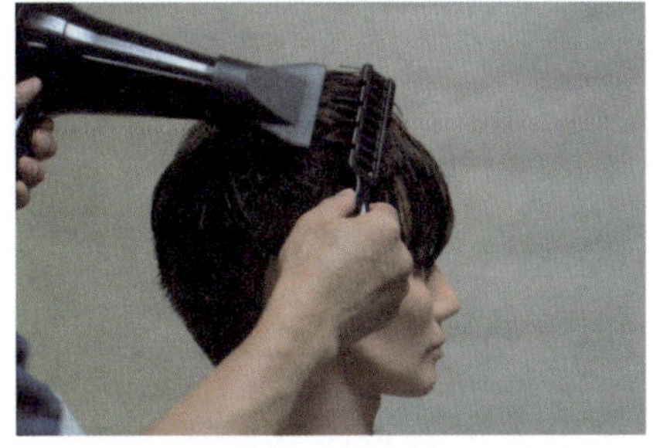

图4—42　吹顶部

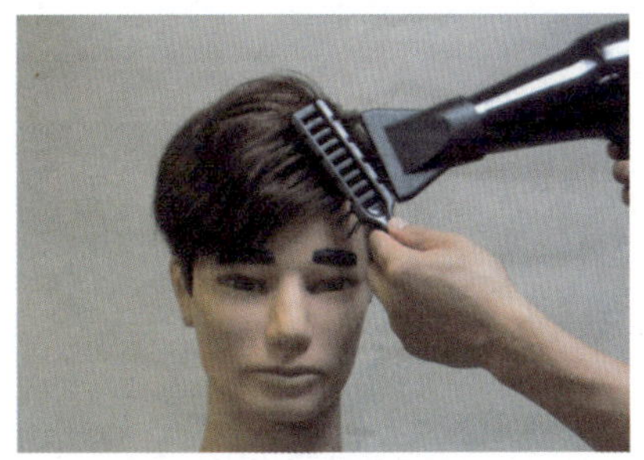

图4—43　吹额前

步骤8 造型完成，如图4—44和图4—45所示。

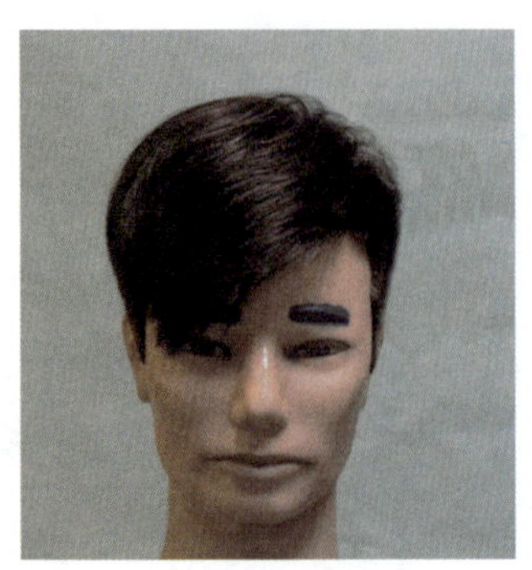
图4—44 吹风造型完成效果图（正面）

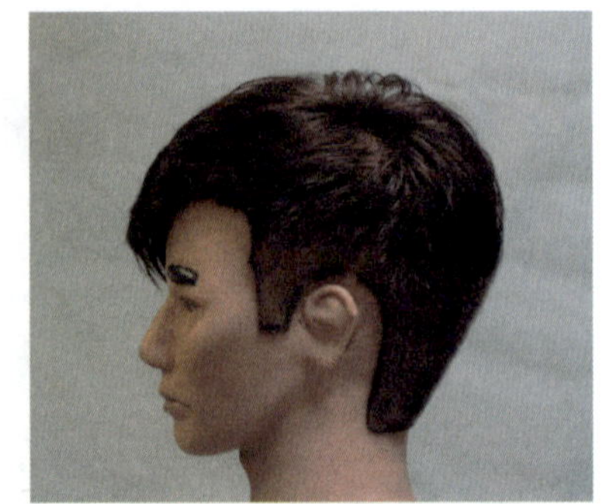
图4—45 吹风造型完成效果图（侧面）

注意事项

（1）注意吹风时的角度。

（2）吹风时发型的式样不要偏离要求。

（3）发型发丝的纹理走向要符合发型。

（4）合理使用梳子，注意使用的技巧。

学习单元2 女士发型吹风造型

学习目标

● 了解女式短发螺旋发式、女士中长发翻翘发式、女式短发蘑菇发式、女式短发中分发式、女式中长穗发发式、女式时尚短发发型、女式时尚长发发型的造型方法

● 掌握各种女士发型的吹风技巧及要领，注意轮廓饱满、纹理清晰、发丝光泽亮丽、明朗舒畅等要点

知识要求

一、女式短发螺旋发式

女式短发螺旋发式的顶部头发长度基本相等，发式轮廓线以下头发长度逐渐

递减，脸形周边发式轮廓线服帖，柔和自然，刘海长度在眼睛上面，耳侧轮廓线斜向后和后发际线自然连接。造型轮廓饱满圆润，纹理清晰流畅。发型的弧度适度，富有立体感。

二、女式中长发翻翘发式

女式中长发翻翘发式的头发长度在肩部左右，发式层次从上往下逐渐递减，呈边沿层次。底部轮廓线圆弧形，耳侧头发和后面头发自然连接。造型轮廓饱满，纹理清晰流畅。

三、女式短发蘑菇发式

女式短发蘑菇发式的头发长度在肩部以上，发式后颈部枕骨层次从上往下逐渐递减，呈高边沿层次。刘海垂直往下底线平直，耳侧头发和后面头发自然平行连接。造型轮廓饱满圆润，纹理清晰流畅。发型的弧度适度，富有立体感。

四、女式短发中分发式

女式短发中分发式的头发长度在肩部以上，发式层次从上往下逐渐递增，呈渐增层次。后枕部以下层次呈均等层次，长度不能超过颈部，耳侧头发斜向后和后面头发自然连接。刘海长度不能过长，中间分头缝往两边分开。发型要符合脸形，具有美感。造型轮廓饱满圆润，纹理清晰流畅。发型的弧度适度，富有立体感。

五、女式中长穗发发式

女式中长穗发发式的头发长度在肩部至肩部以下。发式层次从上往下逐渐递增，呈渐增层次。发型底部轮廓线圆弧形，耳侧头发和后面头发自然连接。造型轮廓饱满，纹理清晰流畅。

六、女式时尚短发发型

女式时尚短发发型的头发长度较短，发式顶部层次为均等层次，后枕部以下

层次逐渐递减呈高边沿层次，底部轮廓线圆弧形，刘海长度在眼睛以上，耳侧头发和后面头发自然连接。造型轮廓饱满圆润，纹理清晰流畅。发型的弧度适度，富有立体感。

七、女式时尚长发发型

女式时尚长发发型的头发长度在肩部以下，发式层次从上往下逐渐递增，呈低的渐增层次。底部轮廓线圆弧形，刘海长度鼻尖以下。耳侧头发和后面头发自然连接。造型轮廓饱满，纹理清晰流畅。

技能要求

女式短发螺旋发式

操作准备

（1）准备修剪好的发型头模或真人模特。

（2）准备好吹发型的吹风机和梳子、造型品等工具。

操作步骤

步骤1　头发整体吹至五六成干，如图4—46所示。

步骤2　吹底部，如图4—47所示。

图4—46　吹至五六成干

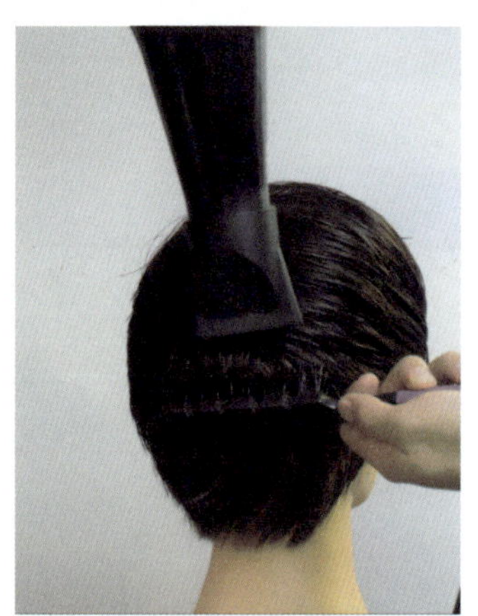

图4—47　吹底部

步骤3 吹中部，如图4—48所示。

步骤4 吹左面，如图4—49所示。

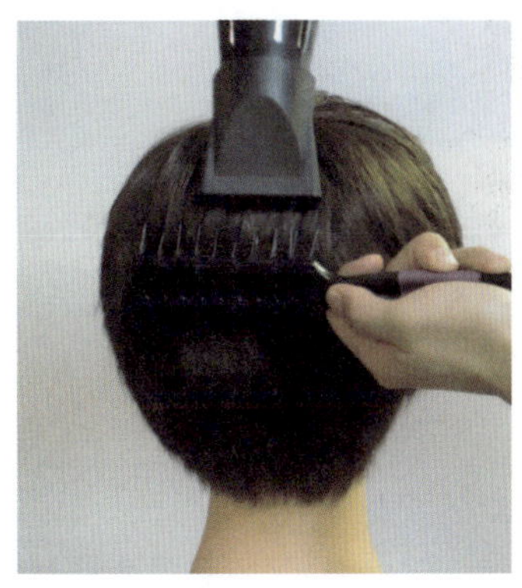

图4—48 吹中部

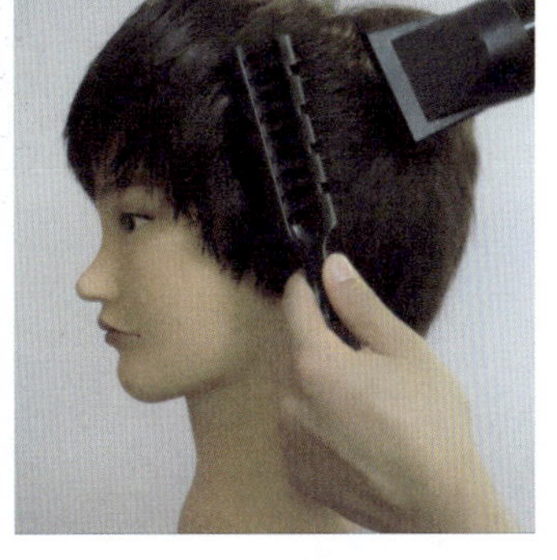

图4—49 吹左面

步骤5 吹右面，如图4—50所示。

步骤6 吹顶部，如图4—51所示。

图4—50 吹右面

图4—51 吹顶部

步骤7 吹额前，如图4—52所示。

图4—52　吹额前

步骤8　造型完成，如图4—53和图4—54所示。

图4—53　吹风造型完成效果图（正面）

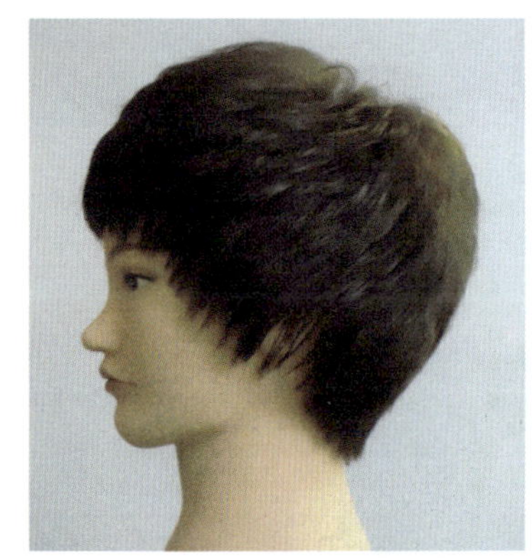
图4—54　吹风造型完成效果图（侧面）

注意事项

（1）注意吹风时的角度。

（2）吹风时发型的式样不要偏离要求。

（3）发型发丝的纹理走向要符合发型。

（4）合理使用梳子，注意使用的技巧。

女式中长发翻翘发式

操作准备

（1）准备修剪好的发型头模或真人模特。

（2）准备好吹发型的吹风机和梳子、造型品等工具。

操作步骤

步骤1　头发整体吹至五六成干，如图4—55所示。

步骤2　吹底部，如图4—56所示。

图4—55　吹至五六成干

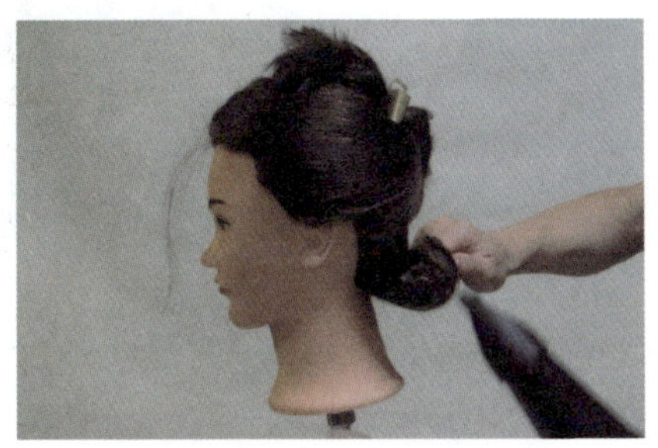

图4—56　吹底部

步骤3　吹中部，如图4—57所示。

步骤4　吹左面，如图4—58所示。

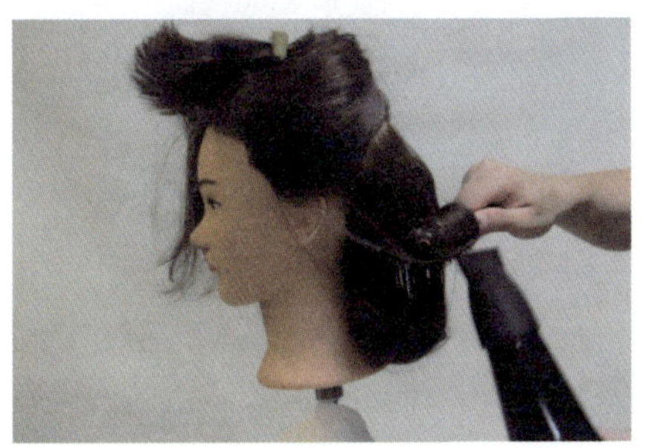

图4—57　吹中部

图4—58　吹左面

步骤5　吹右面，如图4—59所示。

步骤6　吹顶部，如图4—60所示。

图4—59　吹右面

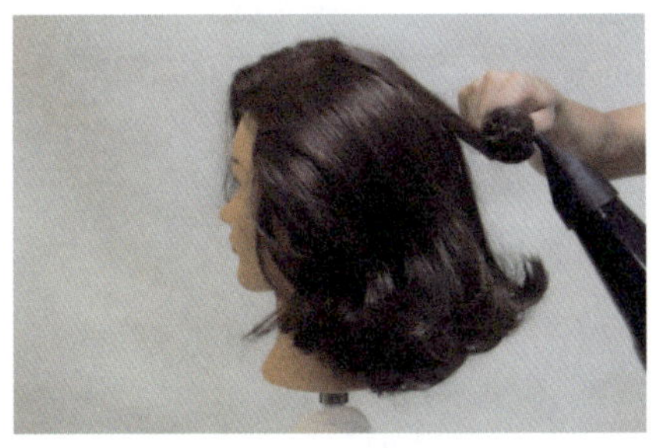

图4—60　吹顶部

步骤7 吹额前，如图4—61所示。

图4—61 吹额前

步骤8 造型完成，如图4—62和图4—63所示。

图4—62 吹风造型完成效果图（正面）

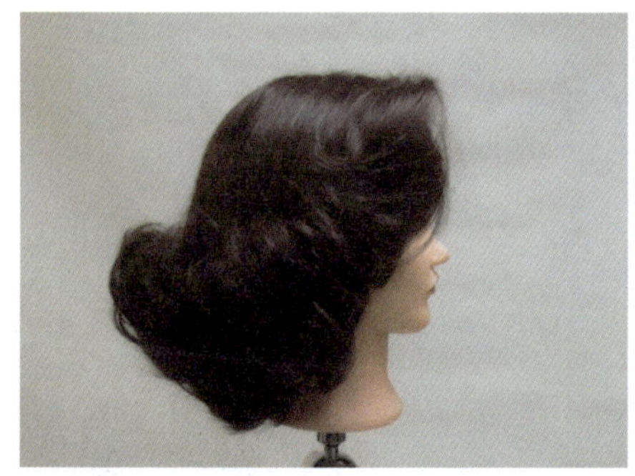

图4—63 吹风造型完成效果图（侧面）

注意事项

（1）注意吹风时的角度。

（2）吹风时发型的式样不要偏离要求。

（3）发型发丝的纹理走向要符合发型。

（4）合理使用梳子，注意使用的技巧。

女式短发蘑菇发式

操作准备

（1）准备修剪好的发型头模或真人模特。

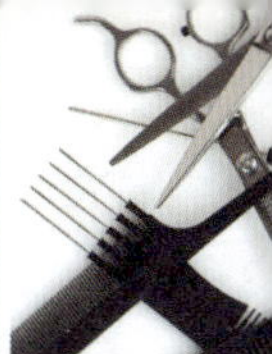

（2）准备好吹发型的吹风机和梳子、造型品等工具。

操作步骤

步骤1　头发整体吹至五六成干，如图4—64所示。

步骤2　吹底部，如图4—65所示。

图4—64　吹至五六成干

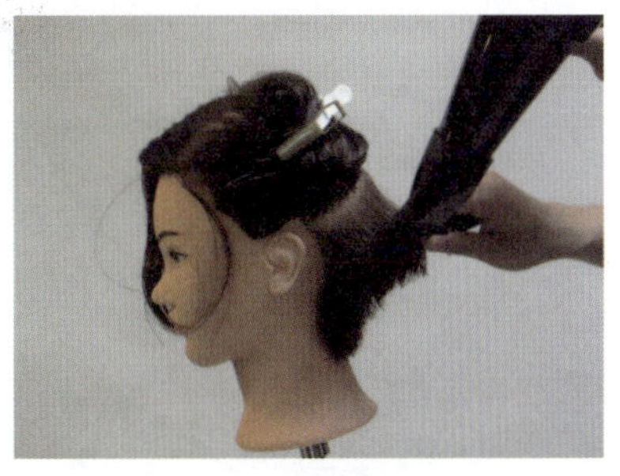

图4—65　吹底部

步骤3　吹中部，如图4—66所示。

步骤4　吹左面，如图4—67所示。

图4—66　吹中部

图4—67　吹左面

步骤5　吹右面，如图4—68所示。

步骤6　吹顶部，如图4—69所示。

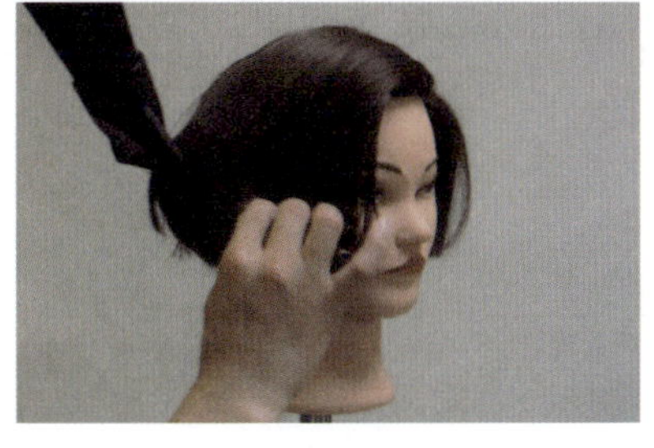

图4—68　吹右面

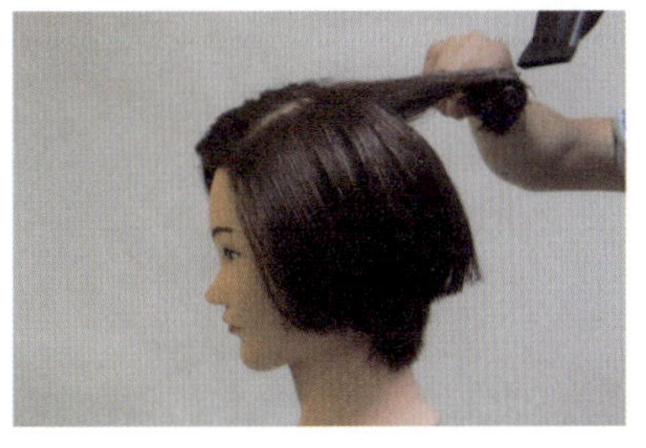

图4—69　吹顶部

步骤7　吹额前，如图4—70所示。

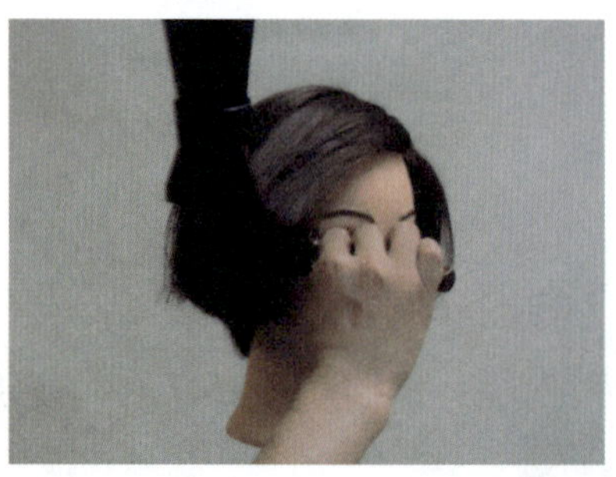

图4—70　吹额前

步骤8　造型完成，如图4—71和图4—72所示。

图4—71　吹风造型完成效果图（正面）

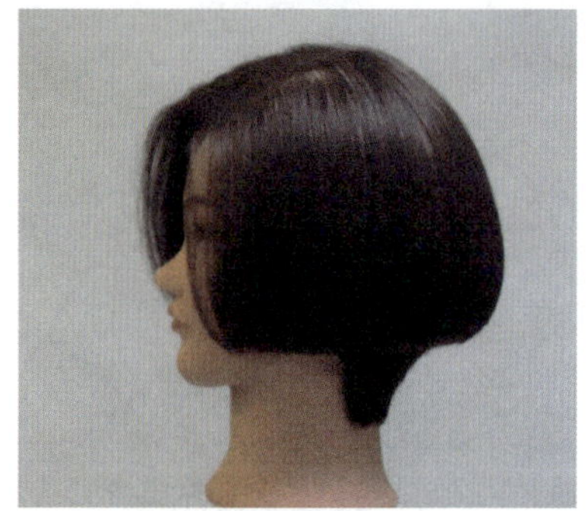

图4—72　吹风造型完成效果图（侧面）

注意事项

（1）注意吹风时的角度。

（2）吹风时发型的式样不要偏离要求。

（3）发型发丝的纹理走向要符合发型。

（4）合理使用梳子，注意使用的技巧。

女式短发中分发式

操作准备

（1）准备修剪好的发型头模或真人模特。

（2）准备好吹发型的吹风机和梳子、造型品等工具。

操作步骤

步骤1　头发整体吹至五六成干，如图4—73所示。

步骤2　吹底部，如图4—74所示。

图4—73　吹至五六成干

图4—74　吹底部

步骤3　吹中部，如图4—75所示。

步骤4　吹左面，如图4—76所示。

图4—75　吹中部

图4—76　吹左面

步骤5　吹右面，如图4—77所示。

步骤6　吹顶部，如图4—78所示。

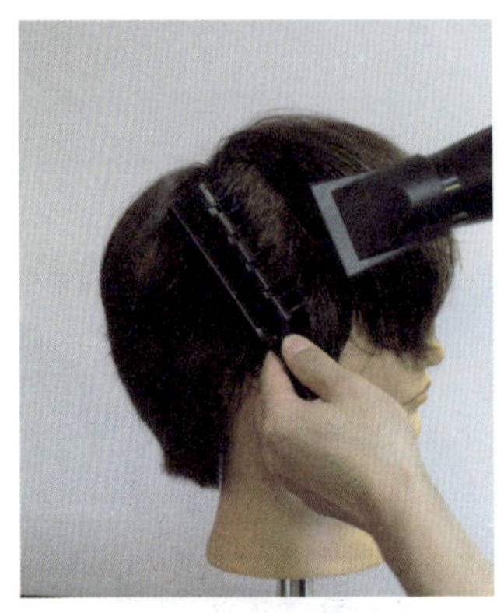
图4—77　吹右面

图4—78　吹顶部

步骤7　吹额前，如图4—79所示。

图4—79　吹额前

步骤8　造型完成，如图4—80和图4—81所示。

图4—80　吹风造型完成效果图（正面）

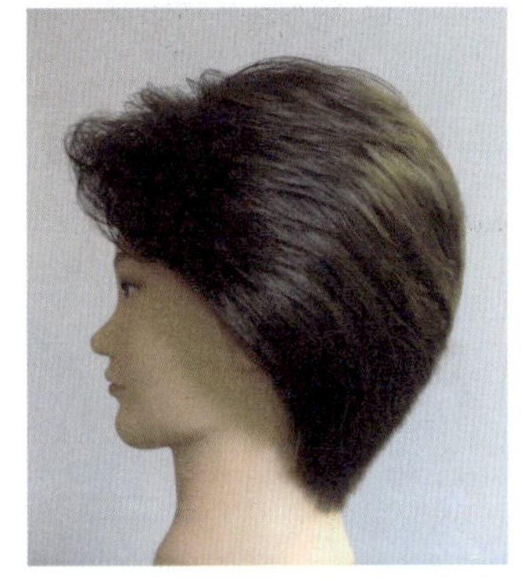
图4—81　吹风造型完成效果图（侧面）

注意事项

（1）注意吹风时的角度。

（2）吹风时发型的式样不要偏离要求。

（3）发型发丝的纹理走向要符合发型。

（4）合理使用梳子，注意使用的技巧。

女式中长穗发发式

操作准备

（1）准备修剪好的发型头模或真人模特。

（2）准备好吹发型的吹风机和梳子、造型品等工具。

操作步骤

步骤1　头发整体吹至五六成干，如图4—82所示。

步骤2　吹底部，如图4—83所示。

图4—82　吹至五六成干

图4—83　吹底部

步骤3　吹中部，如图4—84所示。

步骤4　吹左面，如图4—85所示。

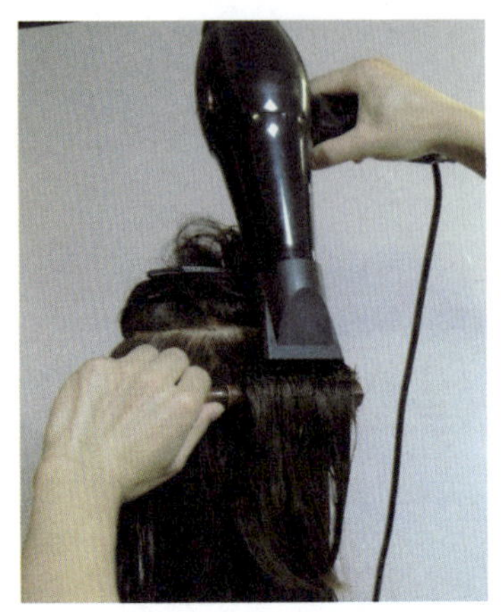

图4—84　吹中部

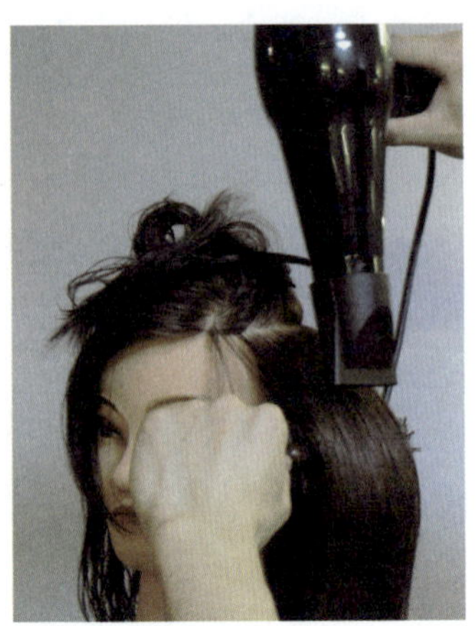

图4—85　吹左面

步骤5　吹右面，如图4—86所示。

步骤6　吹顶部，如图4—87所示。

图4—86　吹右面

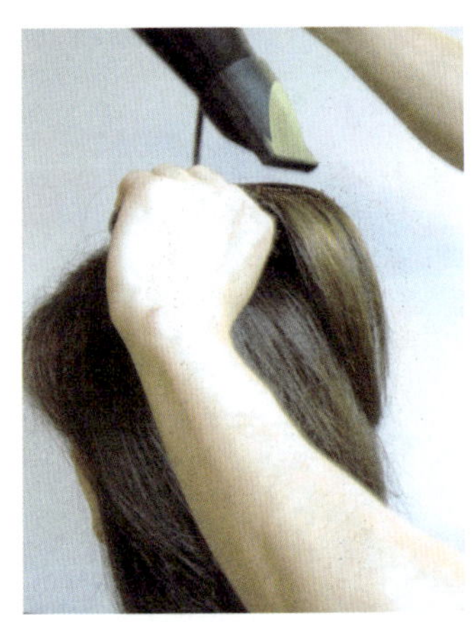

图4—87　吹顶部

步骤7　吹额前，如图4—88所示。

图4—88　吹额前

步骤8　造型完成，如图4—89和图4—90所示。

图4—89　吹风造型完成效果图（正面）

图4—90　吹风造型完成效果图（侧面）

注意事项

（1）注意吹风时的角度。

（2）吹风时发型的式样不要偏离要求。

（3）发型发丝的纹理走向要符合发型。

（4）合理使用梳子，注意使用的技巧。

女式时尚短发发型

操作准备

（1）准备修剪好的发型头模或真人模特。

（2）准备好吹发型的吹风机和梳子、造型品等工具。

操作步骤

步骤1 头发整体吹至五六成干，如图4—91所示。

步骤2 吹底部，如图4—92所示。

图4—91 吹至五六成干

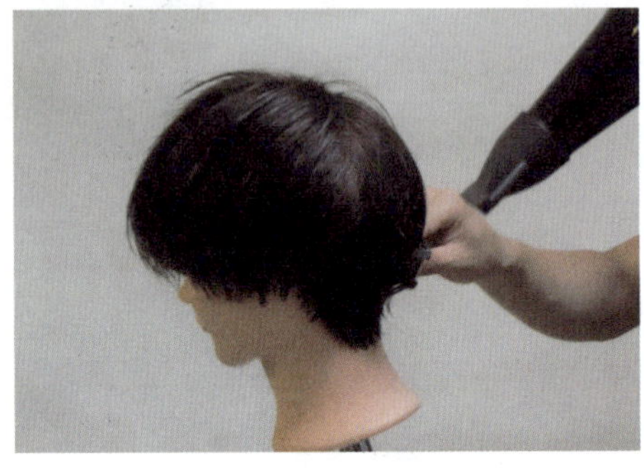

图4—92 吹底部

步骤3 吹中部，如图4—93所示。

步骤4 吹左面，如图4—94所示。

图4—93 吹中部

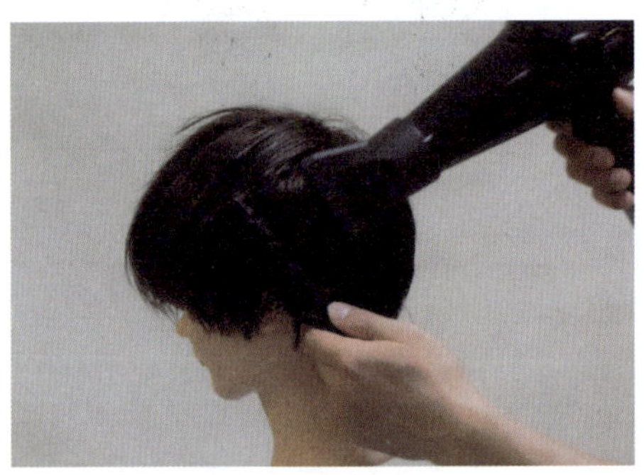

图4—94 吹左面

步骤5 吹右面，如图4—95所示。

步骤6 吹顶部，如图4—96所示。

图4—95　吹右面

图4—96　吹顶部

步骤7　吹额前，如图4—97所示。

图4—97　吹额前

步骤8　造型完成，如图4—98和图4—99所示。

图4—98　吹风造型完成效果图（正面）

图4—99　吹风造型完成效果图（侧面）

注意事项

（1）注意吹风时的角度。

（2）吹风时发型的式样不要偏离要求。

（3）发型发丝的纹理走向要符合发型。

（4）合理使用梳子，注意使用的技巧。

女式时尚长发发型

操作准备

（1）准备修剪好的发型头模或真人模特。

（2）准备好吹发型的吹风机和梳子、造型品等工具。

操作步骤

步骤1 头发整体吹至五六成干，如图4—100所示。

步骤2 吹底部，如图4—101所示。

图4—100 吹至五六成干

图4—101 吹底部

步骤3 吹中部，如图4—102所示。

步骤4 吹左面，如图4—103所示。

图4—102 吹中部

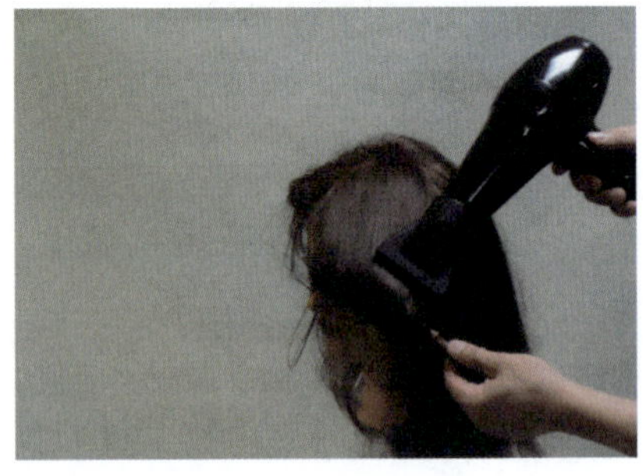

图4—103 吹左面

步骤5 吹右面，如图4—104所示。

步骤6 吹顶部，如图4—105所示。

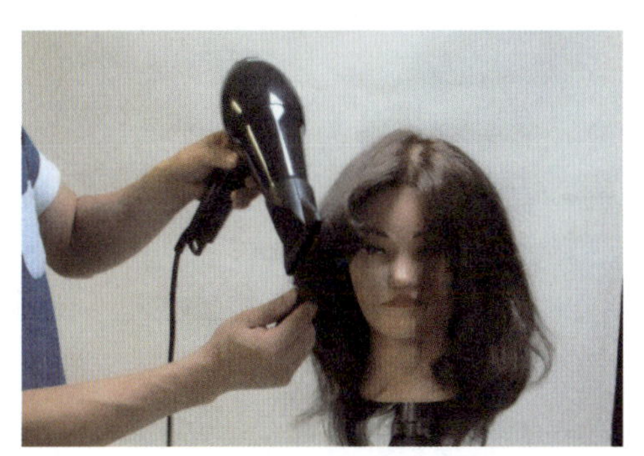

图4—104 吹右面

图4—105 吹顶部

步骤7 吹额前，如图4—106所示。

图4—106 吹额前

步骤8 造型完成，如图4—107和图4—108所示。

图4—107 吹风造型完成效果图（正面）

图4—108 吹风造型完成效果图（侧面）

注意事项

（1）注意吹风时的角度。

（2）吹风时发型的式样不要偏离要求。

（3）发型发丝的纹理走向要符合发型。

（4）合理使用梳子，注意使用的技巧。

测 试 题

一、判断题（请将判断结果填入括号中，正确的填“√”，错误的填“×”）

1. 短发要吹粗犷的线条，故选择排骨刷比较合适。（ ）
2. 大吹风机只用于烘干湿发或烫发加热。（ ）
3. 烘发机主要用于恤发，风力大，温度可调控，可以快速均匀地对整个头部进行吹风加热。（ ）
4. 九行刷一般在吹风后整理时使用。（ ）
5. 梳齿面向头发，自发根处带起头发梳向发梢，吹风机随之送风，使头发平直光亮称为别法。（ ）
6. 梳刷带起头发的弧度要适中，并且有缓慢过渡，避免造成不协调。（ ）
7. 送风时间的掌握应根据发型及发质来定。（ ）
8. 使用中不需要定时清理吹风机入风口的网罩。（ ）
9. 头缝的长度不宜过长，最佳长度至耳点垂直线上。（ ）
10. 男式无色调中分发式吹好造型后要注意纹理清晰、自然柔和。（ ）
11. 男式有色调三七分头缝位置非常重要。（ ）
12. 男式有色调奔式吹风梳理的方向正反都可以。（ ）
13. 男式有色调毛寸要吹出头缝。（ ）
14. 男式有色调时尚发式吹风方向要明确。（ ）
15. 男式发型造型流向顺畅自然、纹理清晰。（ ）

16. 造型翻翘幅度一般在10～20 cm为宜，整体造型的流向以向上向后为准。（ ）

17. 女式中长发造型整体轮廓要饱满，线条流畅、纹理清晰。（ ）

18. 女式短发螺旋发式的主要特点是顶部放射成螺旋状。（ ）

19. 女式中长发造型整体轮廓要饱满，线条流畅、纹理清晰。（ ）

20. 女式发型整体轮廓要饱满，线条流畅、纹理清晰。（ ）

二、单项选择题（选择一个正确的答案，将相应的字母填入括号中）

1. 有声吹风机是发型造型的主要工具，具有（ ）、风量大的特点。

A. 声音大 B. 热量高 C. 体积大 D. 造型时尚

2. （ ）主要用于吹发型的造型，风力比较大，易于吹干头发和吹梳造型。

A. 大吹风机 B. 无声吹风机 C. 有声吹风机 D. 鼓风机

3. （ ）适用于中长发和长发的吹风造型。

A. 排骨刷 B. 滚刷 C. 剪发刷 D. 包发刷

4. （ ）：梳齿面向头发，运用手指转动将头发做180° 翻转，使头发产生弧度。

A. 别法 B. 拉法 C. 翻法 D. 转法

5. （ ）：梳刷带起头发的角度大小，可以决定发型的蓬松度。

A. 角度 B. 力度 C. 弧度 D. 方向

6. 送风（ ）的掌握应根据发型及发质来定。

A. 角度 B. 位置 C. 时间 D. 方向

7. （ ）的分法在眼睛向前平视时，根据不同的分法在头部找到合适的位置进行分缝。

A. 头缝 B. 梳头 C. 吹风 D. 剪发

8. （ ）吹风前头发先要吹到半干，然后从发型的后部开始吹起。

A. 造型 B. 修剪 C. 烫发 D. 染发

9. 男式低色调三七发式吹风时注意（ ）的用法。

A. 排骨刷 B. 滚刷 C. 剪发刷 D. 包发刷

10. （ ）手法的熟练运用是吹好头发的关键。

A. 排骨刷 B. 滚刷 C. 剪发刷 D. 包发刷

11. 男式有色调毛寸不能吹出（　）。

A. 头缝　　B. 梳头　　C. 吹风　　D. 剪发

12. 男式高色调时尚发式吹风时注意（　）的用法。

A. 排骨刷　　B. 滚刷　　C. 剪发刷　　D. 包发刷

13. 男式吹风造型要轮廓（　）饱满。

A. 圆润　　B. 滋润　　C. 自然　　D. 随意

14. 女式吹风造型外轮廓圆润饱满，线条清晰流畅，体现女性直发的（　）感。

A. 刚毅　　B. 柔美　　C. 娴熟　　D. 富态

15. 女式中长发造型刘海要吹出自然流畅的（　）形线条。

A. M　　B. N　　C. C　　D. H

16. 女式短发螺旋发式要求整体呈（　）状，整体的弧度要有圆润感。

A. 螺旋　　B. 一边　　C. 球形　　D. 方形

17. 女式短发中分发式整体轮廓要饱满，线条流畅、纹理（　）。

A. 清晰　　B. 模糊　　C. 干净　　D. 随意

18. 翻翘的（　）的衔接幅度是整个造型弧度的展现，顶部要吹出饱满弧度，整体发型的高度以刘海展现。

A. 发花　　B. 发尾　　C. 头顶　　D. 刘海

19. 女式发型吹风造型轮廓（　）自然、线条流畅。

A. 饱满　　B. 和谐　　C. 清晰　　D. 流畅

20. （　）：涂抹时切勿用力按压，以免造成塌陷。

A. 发油　　B. 发蜡　　C. 啫喱　　D. 发胶

测试题答案

一、判断题

1. √　2. √　3. √　4. √　5. ×　6. √　7. √
8. ×　9. √　10. √　11. √　12. √　13. ×　14. √
15. √　16. ×　17. √　18. √　19. √　20. √

二、单项选择题

1. B	2. C	3. B	4. C	5. A	6. C	7. A
8. A	9. A	10. A	11. A	12. A	13. A	14. B
15. C	16. A	17. A	18. A	19. A	20. A	

第5章 烫 发

第1节 烫发知识

第2节 烫发中的注意事项

第 1 节　烫发知识

学习单元1　发质、烫发剂的认识和烫发纸的使用技巧

学习目标

- 了解不同发质的特点
- 了解药液的适应性
- 了解烫发纸的使用

知识要求

一、发质的特点

头发具有各种不同的特点，在烫发之前，先要了解顾客的发质，以便创造更好的发型。

1. 油性发质

由于油脂分泌太多，头发易黏附污物，油性发一般细而密。不论在视觉上还是在触觉上都是很油腻，并伴有许多头皮屑脱落。

2. 干性发质

头发由于自然油脂和水分不足，暗淡无光泽，柔韧性差且易于断裂分叉，在视觉上光泽度不强，触摸时有粗糙感。

3. 中性发质

中性发质原有质地比较良好，头发比较健康，易于梳理，可塑性强，视觉上柔滑光亮，触摸时有柔顺感。适宜梳理各种发型。

4. 受损发质

头发干枯、分叉、脆断、变色（呈枯黄色），或鳞片状角质受损导致头发内

层组织解体而容易死亡脱落的头发。触摸时有明显的粗糙感，梳理时容易折断。

二、药液的特性

1. 普通型（N）

又称半胱氨酸烫发水，其pH值在7.5~8.9。波浪形成的效果柔和自然，特别适合于正常发质和细软发质。

2. 弱酸型（D）

pH值一般在4.5~7.0，适合严重受损发质，不适合健康粗硬发质。干燥状态下效果好，潮湿的状态略差。

3. 强力型（R）

碱性，pH值多在8.9~11.5之间。主要针对健康粗硬发质。干燥状态下效果差，潮湿的状态效果好。

烫发药液对发质的影响见表5—1。

表5—1　　烫发药液对发质的影响

发质 药液	健康	一般	受损
碱性（R）	*		
微碱性（N）		*	
酸性（D）			*

三、烫发纸的选择及使用技巧

选用烫发纸常用的是透水性好的绵纸，它有一定的韧性。使用方式如下：

1. 单层裹纸法

这是最基本、最常用的裹纸方法，将烫发纸放在发片的表面上，用芯往下卷至完成，如图5—1所示。

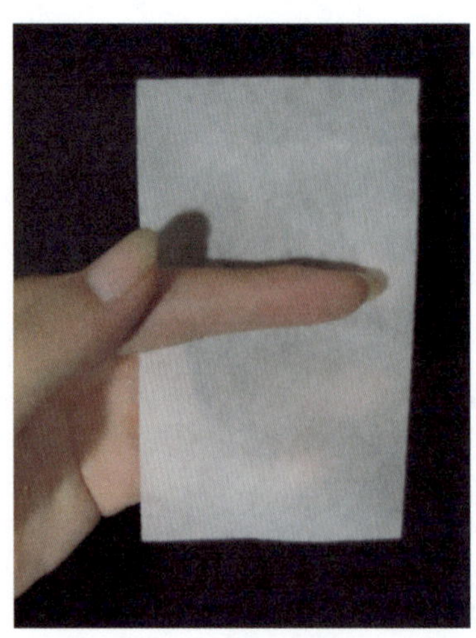

图5—1　单层裹纸法

2. 双层裹纸法

把两张纸放在要裹的头发的正面和背面，纸面稍微长于发端，然后安上卷发芯，把纸裹在下面，如图5—2所示。

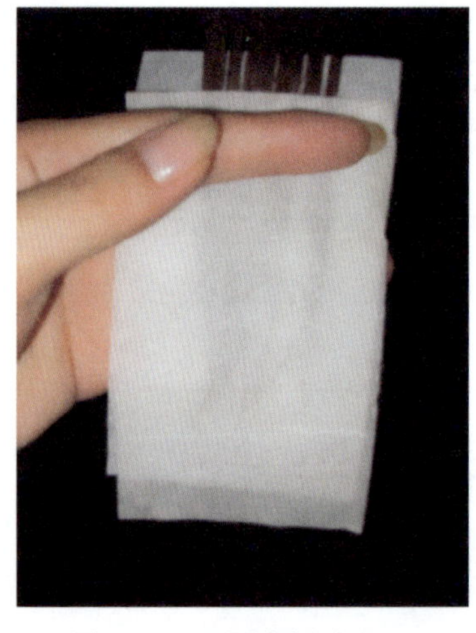

图5—2　双层裹纸法

3. 折叠裹纸法

这项技术首先把纸放在头发的下面，稍微长出端点，将纸对折过来压住头

发，如图5—3所示。

图5—3 折叠裹纸法

学习单元2 头发物理化学知识及烫发剂、卷杠的选择和使用

学习目标

- 了解烫发中头发的物理及化学知识
- 掌握在烫发过程中产生的问题和及时处理的方法
- 掌握在烫发后导致问题的各种不同原因及应对方法

知识要求

一、头发的物理和化学知识

1. 头发的物理知识

（1）头发的表面由硬的角化扁平细胞组成如鱼鳞状的纹理，是由发根渐次增加密度向发梢重叠而上，俗称表皮层，起保护作用。

（2）表皮以内是头发的主要结构皮质层，该层里面还有3个主要的锁链结

构，分别是：盐锁链，它的特性是遇水遇碱遇热膨胀，和毛鳞片的特性一样，它的膨胀能够给头发提供更大的空间来吸收药水，对烫发起前辅助作用；氢锁链，它的特性是遇水暂时分解，脱水后会自然闭合，吹风造型和恤发就是利用它的这个特性完成；硫锁链，该链是影响头发曲直的关键，它的分子排列结构顺序各有不同，也就形成了部分头发自然卷部分是天然直发，也是烫发成功与否的关键。

2. 头发的化学知识

烫发时按设计将头发缠绕在不同直径与不同形状的卷杠上，涂上冷烫第一剂（还原剂），进入头发切断硫锁链，使之变成单硫键，这些单硫键受到卷杠形状直径拉力因素的影响发生挤压，变形移动并在冷烫第二剂（氧化剂）的作用下，这些单硫键在新的位置与另一个单硫键组成一组新的二硫化键，使头发永久变卷。

二、卷杠工具的选择和使用

1. 卷杠工具的选择

卷杠有多种，一般选不透水的塑料杠为佳。用竹或木制作的卷发杠因其易吸水，容易渗透烫发剂影响烫发质量，故不宜使用。卷发杠有大（粗）、中、小（细）之分。材质有硬软之别，可根据不同部位和不同卷曲要求来选择。

2. 卷杠的正确使用

（1）卷发时取发的标准，发片的宽度不超过发杠的长度，厚度不超过杠子的直径。横卷发杠有膨胀作用，竖卷发杠有顺花作用。发片略厚，发梢花形明显。

（2）卷发时的提升角度，头顶部一般用全卷面可使头发蓬松自然。中区部用半花面可降低发根支撑力而获得自然的效果。小区位用离花面可减少底层的支撑力使发型下端自然帖顺。

（3）橡皮筋的位置一般是压在卷杠的中腰或顶部，最好用发针固定在发根，这样不会导致发根变形。

（4）卷发时的拉力，卷发时的两手力度要均匀适中，健康粗硬发质力度可适当大一些，细软受损发质力度应适当轻些。最好以顾客的承受能力为准，以免

损伤头皮或将头发拉断。

三、烫发液的选择和使用

1. 烫发液的选择

烫发液的作用是使头发柔软、变得弯曲。头发本身几乎是由蛋白质构成的，包含有不同的氨基酸，而这些不同的氨基酸又形成了所谓的多肽链锁，一种叫二硫化物的化学键，把多肽链锁结合在一起使头发具有弹性和伸缩性，并保持其天然形状。烫发液可使这种形状改变，就是说烫发液使外表膜扩展，渗入表皮并使内部结构在外力作用下重新排列。头发按照卷曲的形状固定下来，这种化学反应需要时间。

烫发液按pH值大小通常可分为三大类，即碱性、微碱性及弱酸性。在烫发设计时要根据不同的发质、发式要求选择药液，不可千篇一律，否则会出现烫后波纹弹性不足或头发被烫伤。

2. 烫发时间

如果烫发液停放时间过短，化学反应不充分，烫发效果就会受影响，造成波纹弹性不足，而停放时间过长会使头发过于卷曲，也会影响头发效果甚至使头发受损，变毛，变干枯。烫发液生产商在生产时基本是以标准的室温进行试验的，按照人的正常生存感受以15~26℃之间为准。所以在操作时要根据烫发液浓度、发质、卷曲要求和室内温度等因素去调整停放时间，一般为15~25 min。

3. 中和液的停放时间

在烫发过程中，烫发液打开化学键，使化学键移位，要把这些状态加以固定，并使其恢复正常情况，这种过程叫中和或定型。平时中和液采用的化学品是溴化钠或过氧化氢等。在定型中如果时间不充分，即使头发已经烫卷，也是不稳定的，很容易消失，如果时间太长，头发过卷、颜色淡化，甚至造成发质损伤。在涂中和液前，先用毛巾吸去头发上多余的水分，如果不吸收水分，就会影响中和效果。涂中和液时，必须均匀地涂在每一个发卷上，不能滴在头上、脸上和衣服上。中和液停放时间长短根据其成分而定。

（1）含过氧化氢的中和液，停放时间不得超过8 min，时间太长会引起头发干燥、脱色。

（2）含溴酸钾、溴酸钠的中和液，停放时间为10 min左右，时间到后拆杠，冲洗干净，涂护发素。

四、注意事项

（1）烫发中的各种细节。

（2）卷杠及烫发液的选择。

学习单元3　基本卷杠排列的方法

学习目标

● 掌握两种基本卷杠的排列方法

知识要求

一、椭圆模式

采用凹线条与凸线条排列卷杠，可产生波浪效果，如图5—4所示。

图5—4　椭圆模式卷杠排列

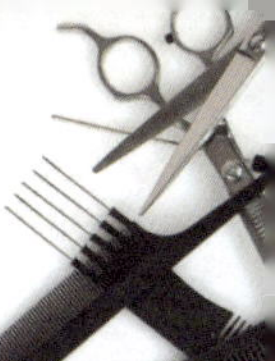

二、砌砖模式

采用最简单的一加二方法排列卷杠，其效果是错落有致，烫发之间紧密相连不留间隙，造型饱满。适合发质稀少的人群，如图5—5所示。

图5—5 砌砖模式卷杠排列

技能要求

椭圆模式排列方法

操作准备

（1）烫发前所要准备的用具，见表5—2。

表5—2 烫发用具

序号	工具用品名	数量	单位
1	烫发围布	1	条
2	干毛巾	1	条
3	圆形卷杠	1	套

续表

序号	工具用品名	数量	单位
4	挑针梳	1	把
5	烫发衬纸	2	包
6	夹子	6	只
7	喷水壶	1	个

（2）准备头模或者真人模特。

操作步骤

步骤1 以卷杠的长度为基准，在顶部分出曲线形，如图5—6和图5—7所示。

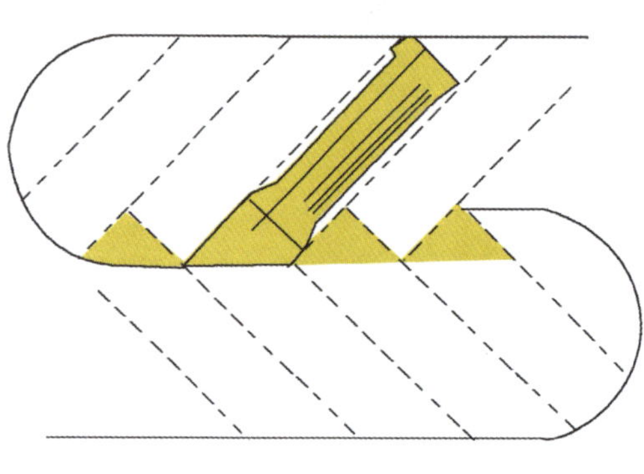

图5—6 示意图

图5—7 顶部分出曲线形

步骤2 以卷杠长度为基准，在头顶区以45°角划分基面，提升90°拉直头发，如图5—8所示。

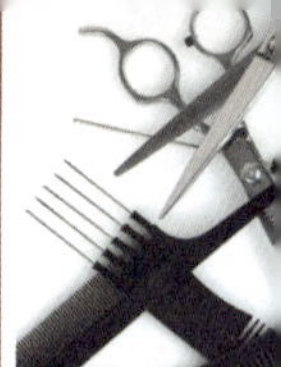

图5—8　卷杠

步骤3　头顶区采用凹线条与凸线条完成卷杠，保持用力均匀，如图5—9所示。

图5—9　头顶区完成卷杠

步骤4　骨梁区保持45°倾斜基面，将卷杠向下卷动，保持用力均匀，如图5—10和图5—11所示。

图5—10　骨梁区卷杠

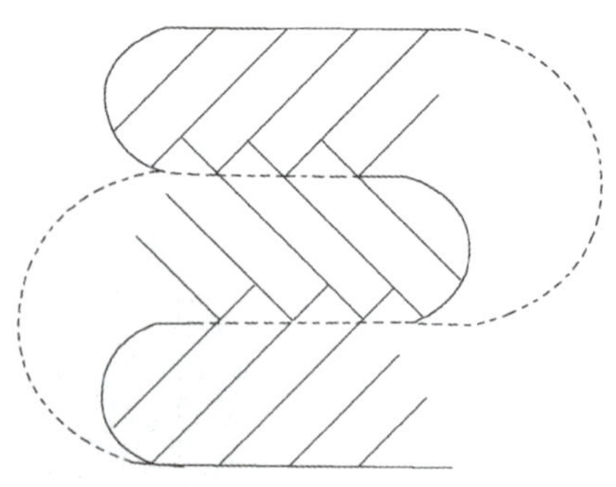

图5—11　示意图

步骤5　保持凹线与凸线的基面划分一致，如图5—12和图5—13所示。

图5—12　卷杠

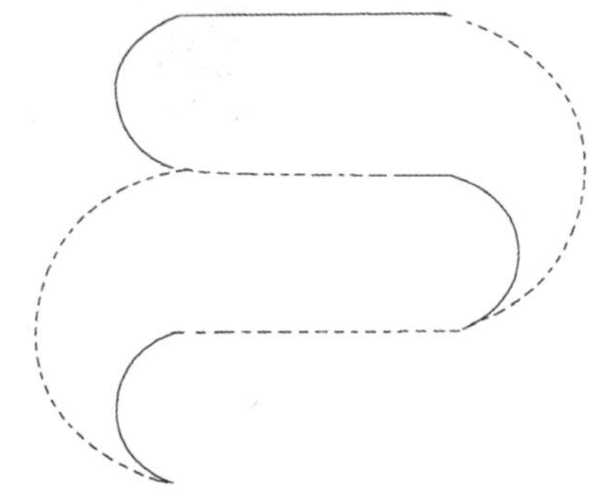

图5—13　示意图

步骤6　两侧区卷法相同。头顶卷发方向根据发型流向来决定向前或向后，依此方法完成整个头部卷杠，如图5—14所示。

图5—14　椭圆模式排列效果图

注意事项

（1）分区的弧度。

（2）发片的提拉角度。

砌砖模式排列方法

操作准备

（1）烫发前所要准备的用具，见表5—3。

表5—3　烫发用具

序号	工具用品名	数量	单位
1	烫发围布	1	条
2	干毛巾	1	条
3	圆形卷杠	1	套
4	挑针梳	1	把
5	烫发衬纸	2	包
6	夹子	6	只
7	喷水壶	1	个

（2）准备头模或者真人模特。

操作步骤

步骤1　以卷杠为基准，在前额分出一个基面卷杠，以卷杠长度为基准在头顶区使用一加二方法，提升90°拉直头发卷杠，如图5—15所示。

步骤2　全头采用一加二砌砖模式卷杠，如图5—16所示。每个杠子保持90°角度提拉，注意用力要均匀。卷杠方向根据发型流向来决定由前向后逐步卷杠。后区发型变化较大，注意头发保持90°角提升。侧边和后颈部卷杠比较困难，保持提升角度及发片的分配。

图5—15　前额区卷杠

图5—16　卷杠

使用一加二排列方法，头发走向清晰，卷好后效果如图5—17所示。

图5—17　砌砖模式排列效果图

注意事项

（1）分区的弧度。

（2）发片的提拉角度。

学习单元4　其他各类卷烫知识

学习目标

- 了解其他各类卷烫知识

知识要求

一、螺旋烫

螺旋烫又称螺丝烫。它用于长发，烫后呈螺旋状。头发从发根到发尾产生相同的卷曲度。操作方法：由发际后部位开始，将头发分成许多小发束，从发根开

始，沿着螺旋凹面缠绕上去，直至发尾，并用烫发纸包好固定在发卷上。刘海处用一般卷杠即可，如图5—18所示。

图5—18　螺旋烫

二、三角烫

一种用塑料制成的三角形的卷棒。因为三角形卷棒有棱角，所以烫好后有明显的三角形纹路，头发蓬松有个性。操作方法同一般卷法，如图5—19所示。

图5—19　三角烫

三、万能烫

万能杠是用胶皮制成，柔软轻便，烫后头发有弹性，有光泽。操作方法和卷

杠一样，卷后把卷杠两头向上弯曲即可，如图5—20所示。

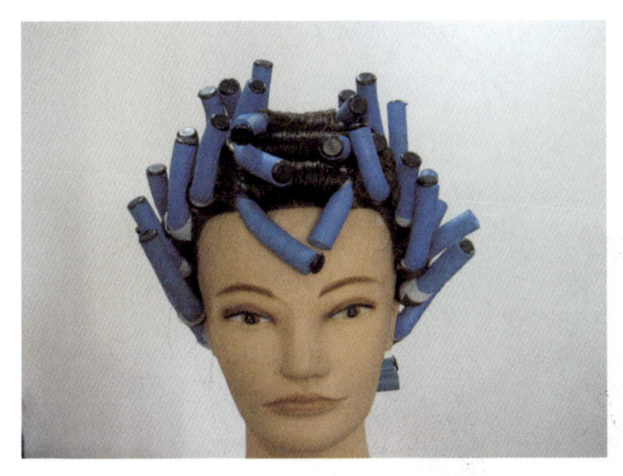

图5—20　万能烫

四、浪板烫

由一种波纹塑料板制成，烫后使头发呈现出规则的波纹形，适合长发型。操作方法：从后发际线开始，分出发片，把头发平铺在浪板上，再用卷杠压在浪板槽里，用橡皮筋固定。

五、拐子烫

拐子适用于长发，烫后不用吹风，有一定的弹性，并形成螺旋花纹。操作方法同螺旋杠，将头发分成许多小发束缠绕在拐子上，卷至发尾后用杠子上发箍固定。

六、平板烫

由平直的塑料制成，用平板的主要目的是把头发烫直。操作方法：将专用拉直膏（烫发液）涂在头发上，将头发梳直贴在直板上，发尾和发根部用发卡固定。

七、定位烫

定位烫主要是增加发根的张力、弹性，控制发流的方向，以烫发根为主。操作方法：按发式流向，挑出一块三角形发区，将其垂直拎起，使发根直立，然后

从发尾用手卷至发根20 mm处，使发根立起，再用扁形塑料夹固定发圈。以此类推，使需要烫的部位全部卷起后，再用喷水壶将烫发液喷洒在发圈上，用塑料帽套好。到一定时间，试杠后，除去塑料帽，冲去烫发液，再喷上定型液，10 min后拆去发夹，用香波洗发，护发，然后吹风造型，如图5—21所示。

图5—21　定位烫

八、挑烫

挑烫是二加一烫发法。从顶部开始，按流向卷一发杠，留一发杠不卷，然后再卷一发杠，以此类推直至整个头部全部卷好，如图5—22所示。

图5—22　挑烫

九、锡纸烫

将每片发片用锡纸包起，用手任意扭紧烫发，其他程序类似，效果似麻绳烫，呈波浪形。卷时，用手随意造型，如图5—23所示。

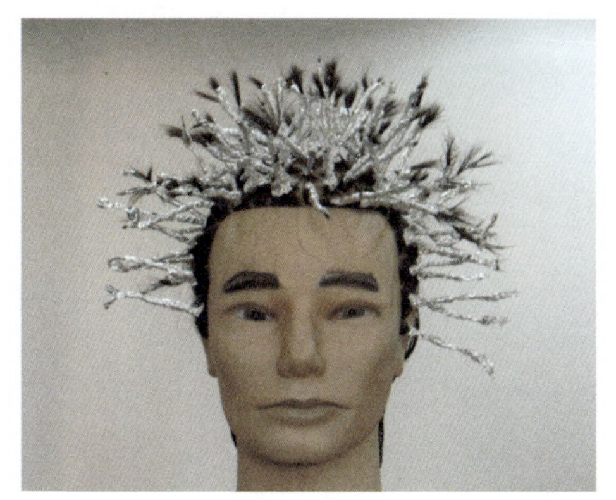

图5—23　锡纸烫

十、夹板烫

夹板烫即用电夹板夹出波纹。这是物理效应。

十一、麦穗烫

麦穗烫用于长发型，先将头发编成发辫，然后用卷杠将发辫缠绕在发杠上，其他同普通烫发法操作。

采用各种烫发卷排列出多种形状，以达到最佳卷曲效果。

选择适合发质的烫发液，根据发质调制烫发液，调节烫发时间及烫发温度，烫出的花纹柔软，富有光泽和弹性。

第2节 烫发中的注意事项

学习单元1 试卷及采取补救措施

学习目标

- 掌握根据试拆卷判断卷发效果并对未达要求的采取补救措施
- 了解试卷的美发用品
- 掌握试卷的操作步骤

知识要求

一、试卷的作用与操作方法

1. 试卷的必要性

所谓试卷，就是测试第一剂反应后的卷曲度。试卷在整个烫发过程中是必不可少的一道工序。它直接影响烫发效果。

2. 试卷操作方法

与第一剂作用到8～15 min时，分别从顶部、侧区、后颈部各取一个发卷，拆开3周，轻轻向下拉，再压住发片向上推。如果发片呈明显的“S”形波纹，说明第一剂作用完成。如果发片呈上下起伏，说明第一剂作用不足，须重新卷好发卷，给刚才测试的那几个发卷再涂少量第一剂，继续停留3~5 min，用同样的方法测试，直至符合要求。

二、试卷的操作步骤

1. 拆卷

分别从顶部、侧区、后颈部各取一个发卷，拆开1~3周左右，不要完全拆掉。

2. 试卷

轻轻将拆下来的发片向下拉，再压住发片向上推，来测试发片的波纹和弹性。

三、产生问题的各种原因

1. 头发卷曲度不够

（1）烫发药剂没有上足。

（2）卷杠过粗，烫出的头发缺乏弹性或成型不牢固。

（3）烫发时间不足。

2. 头发卷曲度过大

（1）烫发药剂过量。

（2）卷杠过细，烫出来的头发过于卷曲，影响头发的质量，使头发干枯、蓬松。

（3）烫发时间过长。

四、其他不同情况的补救措施

1. 避免烫伤头皮

（1）烫发前，要问清顾客是否有皮肤过敏现象，或者在烫发前用烫发液涂在顾客的耳朵后或手背上，2 h后，如无红肿现象，即可烫发。

（2）洗发时，不要用指甲抓挠头皮，抓搓不要用力过重，以免划破头皮。

（3）卷杠时，对发片拉力要均匀，卷杠不能过紧。

（4）涂抹烫发液时，先用毛巾或棉条围好四周并塞紧，避免烫发液流淌到皮肤上损伤皮肤。

（5）需要加热时，要时刻注意顾客的反应，询问受热的程度，避免头皮起泡。

2. 避免皮筋勒痕

烫发排卷时，在鬓角和前额的上部，常由于皮筋过紧而造成头发上留有勒痕。这道勒痕至少1个月左右才能逐渐消失，影响了发式的吹梳和造型。为避免

这种情况，在卷杠操作时，可采用一种变形橡皮带卷杠或采用一种竹扦（或木签、塑料签）插在皮筋与头发之间把一排卷杠依次连接起来，这样，皮筋的拉力就不会作用在头皮上，也就避免了皮筋勒痕。

学习单元2　进行烫发前后护发操作

学习目标

- 了解烫发前后护发的操作及重要性
- 了解护发的原理
- 掌握烫前的护理方法
- 掌握烫后的护理方法

知识要求

一、护发的原理

即使健康的头发，过多的染发、烫发、风吹日晒、游泳等，也会造成发尾逐渐多孔、干燥、变黄。为此，要想使头发恢复弹性，使头发紧密、柔亮，就必须对头发加以护理，特别是受损的发质。

1. 增强头发的弹性

许多护发用品中含有多种活性蛋白、胶原蛋白、水解蛋白等，这些都是为了增加发质的弹性。

2. 增强头发的保湿功能

头发必须要有一定水分，如果头发水分挥发、流失过多，则会使头发干枯、失色、没有弹性。护发用品里的一些保湿因子是由动植物的提取物以及维生素B_5组成的，它能使干燥的头发柔亮有弹性。

二、烫前的护理方法

1. 洗发的操作

（1）洗发时应用酸性或中性的洗发水，用量以洗净为宜，时间不太长。

（2）抓洗时，以指肚为主，不能用指甲抓头或用力搔头，以避免头发、头皮受损。

2. 护发品的选择

（1）烫发之前根据不同的发质选择适合发质的护理液对头发进行烫前的护发操作，头发受损严重的，护理后在卷杠前还须对受损部位进行强化护理，然后再开始卷头发。

（2）烫发时，如果发现顾客头发在发尾处存留有枯黄、焦燥及上次烫发、染发、漂发的痕迹（因发型的需要，无法全部剪掉），且发尾的卷度欲维持原有的卷度，而发根处的新生发是直发，造成发型扁塌的现象，烫发时就要求将发根处的直发烫成与发尾相同的卷度，而发尾卷度维持不变。可在发尾处涂抹水溶性护发液，再涂抹油脂含量高的护发液。注意：涂抹护发液之前，不可先涂抹烫发液。

（3）如发尾处的卷度略微变直，波纹较大，而新生发是直发，又欲将发根、发尾烫成所需要的卷度，且要求其卷度比原来发尾的卷度略卷，则可在发尾处涂抹油脂含量略小的护发液。

（4）发尾处轻打薄、剪薄、削薄成参差稀疏状时，在发尾处涂抹烫发液之前，应先涂抹护发液，以防止发尾被烫得过卷。此种方法不可烫小波纹，仅可烫直发或大“C”状波纹。

3. 卷杠的操作

卷杠时合理的操作是避免头发受损的关键，卷杠粗细要合理，用力适当，不能用力过大，避免头发被拉断。

4. 烫发液的停放时间

避免时间过久影响发质，更要注意护理头发。

三、烫后的护理方法

头发经过烫发操作后，特别是烫发液对头发或多或少都有损伤，所以头发烫后护理也非常重要。

（1）彻底清洗，冲掉烫发液，并用偏酸性的洗发香波，尽量不要抓挠，应抚揉冲洗。

（2）用护发素或精华素进行护理。

（3）进行焗油护发。一般发质，每两周或三周护理一次。对干枯受损的头发应每周护理一次。

（4）烫发后，每隔1～2个月进行一次修剪，以免发尾干枯开叉和层次发生变化。

技能要求

烫前烫后护理的操作程序

操作准备

（1）护发前先了解顾客的发质及受损的程度。

（2）根据顾客的发质选择合适的烫前或烫后护理。

操作步骤

步骤1　烫前洗发时应用酸性或中性的洗发水，用量以洗净为宜，时间不太长。抓洗时，以指肚为主，不能用指甲抓头或用力搔头，以避免头发、头皮受损。烫后的头发要彻底清洗烫发液，并用偏酸性的洗发香波，尽量不要抓挠，应抚揉冲洗。

步骤2　洗发后要梳开打结的湿头发，可先使用特别的宽齿梳，要避免硬拉硬扯。梳通后再用细齿梳梳理一次。

步骤3　涂抹护理液时依次分区分片进行，从根部到发尾涂抹均匀。涂抹过程边涂抹边按摩头发，让头发充分吸收。

步骤4　将头发卷成卷筒状夹在头上，然后用焗油机加热15 min。烫后的头发根据发质可以选择不加热，自然停放15 min。

步骤5　加热结束后让头发冷却一会儿，烫后的头发停放结束后，对头发再进行一次按摩，让它充分吸收。

步骤6　用温水轻柔冲洗头发，注意时间不宜过久。

步骤7　擦干头发并梳理好，为烫发做准备。

注意事项

1. 烫前护理的注意事项

（1）注意洗发的方法。

（2）选择弱碱性的洗发水。

（3）卷杠时用力要均匀。

（4）注意烫发时间。

2. 烫后护理的注意事项

（1）定型液冲洗要彻底，用偏酸性的洗发香波。

（2）用护发素或精华素进行护理。

（3）每周进行护发。

（4）避免过多地吹梳。

测　试　题

一、判断题（请将判断结果填入括号中，正确的填“√”，错误的填“×”）

1. 头发油脂分泌过多并伴有许多头皮屑脱落是油性发质的特点。（　）
2. 视觉上柔滑光亮，触摸时有柔顺感，是中性发质的优点。（　）
3. 强力型药液偏碱性，适合头发比较粗硬的发质或不易卷曲的发质。（　）
4. 砌砖模式的效果是错落有致，烫发之间紧密相连不留间隙，造型饱满。（　）
5. 椭圆排列卷杠头顶区采用凹线条与凸线条完成卷杠，保持用力均匀。（　）

6. 椭圆排列卷杠骨梁区保持60° 倾斜基面，将卷杠向下卷动，保持用力均匀。（　）

7. 砌砖排列卷杠使用一加三排列方法，头发走向清晰。（　）

8. 砌砖排列卷杠使用一加二排列方法，头发走向清晰。（　）

9. 螺旋烫操作方法从发根开始，沿着螺旋凹面缠绕上去。（　）

10. 烫好后有明显的三角形纹路，头发蓬松、有个性是三角烫烫法。（　）

11. 拐子烫适用于长发，烫后不用吹风，有一定的弹性，并形成螺旋花纹。（　）

12. 平板烫是由一种平直的塑料制成的直发烫工具。（　）

13. 定位烫主要是增加发根的张力、弹性，以烫发根和短发为主。（　）

14. 锡纸烫效果似麻绳烫，呈波浪形，卷时用手随意造型。（　）

15. 麦穗烫的卷法先将头发编成发辫，然后用卷杠将发辫缠绕在发杠上。（　）

16. 单层裹纸法是最不常用的裹纸方法。（　）

17. 在烫发时要根据不同的发质和发型来选择杠子。（　）

18. 烫发时间不足会导致头发卷曲度和弹性不够。（　）

19. 在卷杠操作时，采用一种变形橡皮带卷杠可以避免皮筋勒痕。（　）

20. 在烫发中遇到问题不需要补救措施补救。（　）

二、单项选择题（选择一个正确的答案，将相应的字母填入括号中）

1. 视觉上柔滑光亮，触摸时有柔顺感是（　）的优点。

A. 油性发质　B. 干性发质　C. 中性发质　D. 混合发质

2. （　）药液适合头发较幼细的发质和受损或需要增加弹性的头发。

A. 普通型　B. 偏碱性　C. 强力型　D. 弱酸性

3. （　），采用最简单的一加二方法排列卷杠。

A. 椭圆模式　B. 砌砖模式　C. 交叉模式　D. 叠加模式

4. （　）排列卷杠先要以卷杠的长度为基准，在顶部分出曲线形。

A. 椭圆模式　B. 砌砖模式　C. 交叉模式　D. 叠加模式

5. （　）卷杠两侧区卷法要保持相同。

A. 椭圆模式　B. 砌砖模式　C. 交叉模式　D. 叠加模式

6. （　）排列卷杠卷发方向根据发型流向来决定由前向后。

A. 椭圆模式　B. 砌砖模式　C. 交叉模式　D. 叠加模式

7. 砌砖排列卷杠使用（　）排列方法，头发走向清晰。

A. 三加一　B. 四加一　C. 一加二　D. 二加二

8. （　）操作方法从发根开始，沿着螺旋凹面缠绕上去。

A. 螺旋烫　B. 三角烫　C. 万能烫　D. 浪板烫

9. 烫好后有明显的三角形纹路，头发蓬松、有个性是（　）烫法。

A. 螺旋烫　B. 三角烫　C. 万能烫　D. 浪板烫

10. （　）是由一种波纹塑料板制成的烫发工具。

A. 螺旋烫　B. 三角烫　C. 万能烫　D. 浪板烫

11. （　）是由一种平直的塑料制成的直发烫工具。

A. 平板烫　B. 三角烫　C. 万能烫　D. 浪板烫

12. （　）主要是增加发根的张力、弹性，以烫发根和短发为主。

A. 螺旋烫　B. 三角烫　C. 万能烫　D. 定位烫

13. （　），即每片发片用锡纸包起，从发根或者发尾卷起烫发。

A. 螺旋烫　B. 三角烫　C. 锡纸烫　D. 浪板烫

14. （　）即用电夹板在头发上夹出波纹。

A. 夹板烫　B. 麦穗烫　C. 万能烫　D. 浪板烫

15. 选用烫发纸常用的是透水性好的绵纸，它有一定的（　）。

A. 厚度　B. 长度　C. 韧性　D. 弹性

16. 在烫发卷杠时不能用（　）代替烫发纸。

A. 塑料纸　B. 餐巾纸　C. 卷筒纸　D. 塑料袋

17. 检查卷曲效果，首先打开（　）。

A. 杠子　B. 橡皮筋　C. 绵纸　D. 发卷

18. 烫发药剂没有上足会造成头发的（　）。

A. 发质受损　B. 卷曲度不够　C. 干枯　D. 卷曲度过大

19. 在（　）操作时，采用一种变形橡皮带卷杠可以避免皮筋勒痕。

A. 卷杠　B. 剪发　C. 烫发　D. 染发

20. 烫发前应检查（　）情况。

A. 头皮　　B. 头发　　C. 眼睛　　D. 脸蛋

测试题答案

一、判断题

1. √	2. √	3. ×	4. √	5. √	6. ×	7. ×
8. √	9. √	10. √	11. √	12. √	13. √	14. √
15. √	16. ×	17. √	18. √	19. √	20. ×	

二、单项选择题

1. C	2. B	3. B	4. A	5. A	6. B	7. C
8. A	9. B	10. D	11. A	12. D	13. C	14. A
15. C	16. A	17. B	18. B	19. A	20. A	

第6章 染 发

第1节　材料选择

学习单元1　染发材料基础知识

学习目标

- 能够辨别不同材质的染发剂
- 了解染发剂的成分

知识要求

一、染发剂的分类

染发剂一般情况下分为两大类别的产品。

1. 非氧化染发剂

非氧化染发剂是一种不含氧化剂（显色剂）的染发产品，可分为临时性非氧化染发剂和半永久性非氧化染发剂两类。

2. 氧化染发剂

氧化染发剂是含有氧化剂（显色剂）的染发产品，可分为半永久性氧化染发剂和永久性氧化染发剂两类。

二、各种染发剂的识别方法

1. 从保持时间识别

非氧化染发剂保持的时间比较短，氧化染发剂保持的时间相对较持久。

2. 从操作方法识别

非氧化染发剂不需要加入双氧乳调配，可直接涂在头发上，氧化染发剂需要配合双氧乳调和后使用。

三、染发剂的成分

1. 非氧化染发剂

（1）临时性非氧化染发剂。主要成分：人造色素且色素分子粒较大，只可覆盖在头发的表层。

（2）半永久性非氧化染发剂。主要成分：含有两种小颜色分子，可穿透头发表皮层进入皮质层中，洗一次就会褪去一部分颜色。

2. 氧化染发剂

（1）半永久性氧化染发剂。主要成分：含有大小两种颜色分子，进入皮质层后，小分子就聚集在一起，使颜色能停留较长时间。

（2）永久性氧化染发剂。主要成分：含有小的颜色分子，进入皮质层后，分子便与头发结合在一起。

四、染发的原理

1. 临时性非氧化染发剂的原理

洗发后在半湿的状态下，染发产品颗粒大的色素分子附着于头发表皮层鳞片之间，头发干后，表皮收紧，留住颜色。保持原来的颜色，添加色调。

2. 半永久性非氧化染发剂的原理

洗头后，擦干头发上的水分然后操作，产品色素分子较小，能渗透到表皮层鳞片里面、皮质层外面，对有些发质（如抗拒性发质）则要加热。

3. 半永久性氧化染发剂的原理

产品与低度的双氧乳配合使用，色素渗入皮质层，对自然色素影响较小，使颜色加深或保持原有颜色。

4. 永久性氧化染发剂的原理

将染膏和双氧乳按一定的比例调配在一起，不同品牌的产品调配比例也不一

样，具体按产品使用说明调配。首先是碱性的染膏分子将头发表皮层打开。双氧乳和染膏的人造色素颗粒随之渗透到头发的皮质层内部，双氧乳会将头发里的天然色素氧化，这样染膏里的人造色素更好地进行着色，达到染色效果。在染发的渗透阶段，其实就是人工色素分子和氧分子的渗透过程。人造色素和双氧乳在头发的皮质层内逐渐结合氧化，直至色素充分的组合（染发持续停放时间），使之永久性停留在头发皮质层内，并完全改变了原来的色素。

五、不同型号染发剂的效应

1. 临时性非氧化染发剂

不能覆盖白发。染发后一次洗发就会完全褪色。

2. 半永久性非氧化染发剂

可遮盖白发30%。洗发时会慢慢逐渐褪色。

3. 半永久性氧化染发剂

可遮盖白发50%。洗发时一点也不会褪色。

4. 永久性氧化染发剂

可100%覆盖白发。洗发时一点也不会褪色。

六、注意事项

1. 不同品牌染发剂的区分

（1）染膏代码表达方式不同。有些品牌的分隔符以小数点“.”来表示，而有些则以斜杠“/”来表示。另外有些品牌用来代表色号的字符则是以品牌内部的规定，例如以“45”代表红色系，以“66”代表紫色系，在操作的时候要注意以色板为准。

（2）双氧乳的配比不同。有些品牌在配制的过程中运用了特殊的配方，所

以有些品牌的染发剂不再按照染膏和双氧乳1∶1的比例去调配，而是按照1∶1.5或1∶2甚至更高比例的配方去调配。在具体操作的时候要先熟悉染发剂中染膏和双氧乳的配比，以达到准确调配的目的。

2. 不同材质染发剂的特点

不同材质的染发剂针对不同的发质以及不同的颜色效果需求，我们在操作的时候，要熟悉每种染发剂的特点和适用的范围，才能准确操作。

学习单元2　颜色的选择与判断

学习目标

- 能够根据顾客发质和染发效果要求选择染发剂
- 了解染发自然色系的识别知识

知识要求

一、顾客发色的判断

1. 天然发

亚洲人的天然发一般从2°～4° 呈不同深浅的褐色系。

2. 有过染发经历

原先有染发的头发要先判断原先染过颜色的色度、色调以及染过头发的时间间隔、有没有染黑的经历。

3. 有白发

有白发的头发要先判断白发的分布情况，白发和黑发的比例，以及之前有没有染过颜色。

二、目标色的选择

目标色是指染后最终的颜色，目标色的判断和选择有以下3点依据：

1. 直接在色板上选择颜色

通常情况下在天然发染色的时候会比较多地采用，可以根据顾客的选择以及美发师的判断向顾客建议，然后直接选用色板上的代码配合相应的双氧乳，达到需要的颜色。

2. 顾客提供参照的图片

顾客要求做图片上的颜色。这个时候需要美发师先行判断图片上的颜色和色板上哪个颜色相类似，然后采用此颜色为顾客染发。

3. 观察顾客原有的发色

这种情况是指顾客原来已经染过头发，需要补色或者换色。这个时候，美发师要拿出一束顾客原来染过的头发，和色板的颜色对比，找出相应的色调，为顾客进行染发操作。

三、染发自然色系的识别知识

自然色系又称为基色色系，代表头发的色度，即头发颜色的深浅度，在色板上是用斜杠（或小数点）后为“0”的代码的数字表示。头发由深到浅共分为10个色度，即1代表黑色，2代表深棕色，3代表中棕色，4代表浅棕色，5代表最浅棕色，6代表最深金色，7代表中浅金色，8代表浅金色，9代表最浅金色，10代表非常浅金色。

四、观察顾客的发色

在染发操作的过程中，观察顾客的发色是非常重要的步骤，只有准确判断顾客原有的发色，才能为顾客选择正确的目标色和双氧乳，达到成功染发的目的。正确观察顾客的发色，首先，需要一个光线非常充足的环境，切忌在背光的地

方观察顾客的发色。之后我们要判断顾客原先有没有染发的经历。这里有3种结果：天然发或者已经有过染发，另外还有一种就是有白发。

1. 天然发的判断

取出一束发束，将发束放在自然色系一排参照发片的位置，依序判断和顾客头发相近的基色，确定顾客原有发色色度的级别。再根据顾客选择的颜色，配上合适的双氧乳，操作染发。

2. 已经有过染发的判断

首先取出一束发束，找到发束在色板上相应的色号。之后用天然发的判断方法，找到属于发根新生发的色度级别。再根据顾客的要求，将发根和发梢的颜色做到一致。

3. 有白发的判断

这种情况比较复杂，一般会先观察白发的分布情况，一般白发分布有集中分布和扩散分布两种。相应的集中分布，可在白发集中的部位，先选择较深的基色（2～4）先做打底，再整头染需要的目标色；而扩散分布则需要在目标色染膏中加入基色，达到盖白发同时染彩色的目的。

五、色彩的知识

五光十色、绚丽缤纷的大千世界里，色彩使宇宙万物充满情感，显得生机勃勃。色彩作为一种最普遍的审美形式，存在于我们日常生活的各个方面。衣、食、住、行、用，几乎无所不包，人们无时无刻不在与色彩发生着密切的关系。颜色的定义为：色是光作用于人眼引起除形象以外的视觉特性。根据这一定义，色是一种物理刺激作用于人眼的视觉特性，而人的视觉特性是受大脑支配的，也是一种心理反应。所以，色彩感觉不仅与物体本来的颜色特性有关，而且受时间、空间、外表状态以及该物体的周围环境的影响，同时还受个人的经历、记忆力、看法和视觉灵敏度等各种因素的影响。

色彩源于自然，但人类结合了大自然色彩的启示和自然或人工色料，使得我

们的生活更加多彩多姿。

六、色彩调配的方法

1. 三原色

所谓三原色，就是指这三种色中的任意一色都不能由另外两种原色混合产生，而其他色可由这三色按照一定的比例混合出来，色彩学上将这三个独立的色称为三原色。我们在染发时所接触的三原色是指：红（red）、黄（yellow）、蓝（blue）,如图6—1所示。

图6—1　三原色

2. 色彩的调配

色彩的调配，即色彩的混合，分为加法混合和减法混合，色彩还可以在进入视觉之后才发生混合，称为中性混合。而我们在染发过程中所接触到的色彩的混合是减法混合，即：红（red）、黄（yellow）、蓝（blue）。用两种原色相混，产生的颜色为间色。

红色＋蓝色＝紫色
黄色＋红色＝橙色
黄色＋蓝色＝绿色

如果两种颜色能产生灰色或黑色，这两种色就是互补色。三原色按一定的比例相混，所得的色可以是黑色或黑灰色。在减法混合中，混合的色越多，明度越低，纯度也会有所下降。

通常情况下，在染发的过程中，需要用到色彩调配的地方如下：

（1）色板上没有顾客所需要的颜色。

（2）需要加强顾客的发色。

（3）需要中和顾客原有的发色。

七、注意事项

（1）根据顾客的特点选色。每个人都有其不同的特点，包括性格、品位、所处的环境、个人的喜好，所以我们在为顾客挑选颜色的时候一定要注意询问顾客最真实的想法以及顾客在工作中所处的环境。只有这样，才能避免错误的发生，给顾客一个满意的发色。

（2）根据所选颜色的不同，选择相应的染发剂及染发方法。

学习单元3　染膏的使用

学习目标

- 了解染膏的基本化学知识及物理知识
- 了解双氧乳（显色剂）的效用
- 能够认识并选用不同型号的染膏与双氧乳

知识要求

一、染膏的基本化学知识及物理知识

1. 化学知识

染膏的化学知识主要是其含有的化学成分及作用。

（1）阿摩尼亚。打开头发的表皮层，需要结合双氧水才能发挥各自的作用。

（2）色素前体。本身是白色透明状的，被氧化后会变成较大的粒子，停留在头发内。

（3）稳定剂。起保护、稳定染膏的作用。

（4）护发成分。渗透到头发的内部结构，保护头发。

2. 物理知识

通常来说染发是一个化学反应的过程，但是其中也有通过物理操作的方式来帮助染发的完成。例如，在染发涂抹时，需要用横向涂抹的方式来涂抹染膏，帮助头发鳞状表层打开。另外，在染发时通过加热的方式，同样可以加速鳞状表层的打开以及缩短染发的时间等，都是通过物理辅助的方式，来使染发的效果更为完美的方法。

二、双氧乳（显色剂）的效用

（1）双氧乳是一种能够消除色素的物质，双氧乳中的氧可以软化头发的表皮层渗透到皮质层中，收紧拧紧头发，把皮质层中的天然色素分子带出表面。

（2）双氧乳在头发的皮质层内逐渐和人工色素分子结合氧化，直至色素充分膨胀组合，留在头发的皮质层内。

三、色板的知识

1. 基色

基色指没有加任何色调的天然色，它可以遮盖白发。

2. 时尚色

时尚色是指加上不同色调的色膏，它可以遮盖白发。

3. 工具色

工具色用来增加或减少色调中颜色的深浅度。

四、染膏颜色代码知识

1. 基色的表示方法

一般产品标号中小数点或斜杠后为“0”或只有一个单独的数。色膏产品

的代号1，2，3，…，或1.0，2.0，3.0，…，都表示基色。例如，3.0或3/0，“3”——色度中的中棕色；小数点或者斜杠——代表区分号，分出左右的色度和色调；“0”——不加任何色调。

2. 时尚色的表示方法

例如，6.3或6/3，“6”——代表色度中的最深金色；小数点或者斜杠——代表区分号，分出左右的色度或者色调；“3”——代表色调中的金黄色。

五、显色剂的知识

1. 双氧乳浓度的表示方法

美式：3%，6%，9%，12%。

欧式：10vol，20vol，30vol，40vol。

3%双氧乳不能染浅头发，6%双氧乳可以染浅1° 颜色，一般情况下3%和6%双氧乳是用来直接和染膏调和上色的，9%双氧乳可染浅2° 颜色，12%双氧乳可染浅3° 颜色。

2. 双氧乳和色膏的运用

（1）头发由浅染深。如果头发由浅染向深，只要做1° 或2° 的深色，可用3%双氧乳加1° 或2° 色膏调和，一般情况下双氧乳与色膏的比例是1∶1（具体根据产品的要求来定），比例不当会出现回色或过色现象。

（2）头发由深染浅。首先要仔细辨认顾客头发底色，其次要找出头发需要去掉多少度的黑色，并采用相应的双氧乳。

例如，将2° 的头发做成5° 颜色的话，就要先用能去掉4° 色素的双氧乳。先用“目标色+12%双氧乳”，按比例1∶1调和后，再按设计方式涂抹在头发上即可。

六、染膏的不同作用

1. 基色膏

基色膏可用来给顾客染自然色系的颜色，可以单独用来盖白发，也可以配合

时尚色膏在白发上染出时尚色。

2. 提亮膏

提亮膏单独使用时，可以配合不同度数的双氧乳，在已染过的头发上染浅1° ～2° 的级别，也可以在天然发上染浅2° ～3° 的级别，配合时尚色膏使用时，可以使时尚色膏有浅一级的显色效果。

3. 工具色（又称为添加色）

在色板上，有很多色调都有其相应的添加色，添加色在色板上的表示是在色调之前配以“0”作为基色代码，表示其不含任何基色。如，6.6对应的添加色为0.6。添加色有增加或减弱现有色调的功能。如在6.6中添加0.6则可使红色更加明显和鲜艳，而在原有发色6.4的基础上以6.3加上0.8（蓝色添加色），则可以中和原有的橙色，使其黄色更加纯正。

七、显色剂的作用

（1）膨胀作用（发芯内部破坏）。

（2）配合染膏带出天然色素。

（3）配合染膏沉淀人工色素。

（4）氧化使用。

八、注意事项

1. 染膏的鉴别

熟悉各类染膏的代码，可以根据染膏产品的代号来鉴别不同类别的染膏。

2. 显色剂的鉴别

了解不同类别显色剂产品的标识方法，来鉴别不同的显色剂。

第 2 节　染发操作

学习单元1　染发的测试与技巧

学习目标

- 了解不同部位的染发比例
- 了解发根染、同度染的染发比例
- 了解浅染深的染发比例
- 能够根据染发色彩要求选择染发剂用量，调配染发剂

知识要求

一、染发反应测试的目的

染发反应测试的目的是为了检测顾客对产品是否有过敏现象，对过敏的顾客可以提前发现，避免发生过敏事故。所以在做染发之前进行反应测试是必需的程序。

二、染发反应测试的方法

染发反应测试一般采用比较简单的皮肤测试法。

（1）先清洗耳后或手腕处皮肤，然后用棉签蘸取使用的配方涂在皮肤上，保留24 h。

（2）等待检测结果是阴性时才可以进行染发服务。如果皮肤发红、肿胀、起泡或呼吸急促，即为阳性，不能染发，应寻求医生帮助。最后应将检测结果登记在顾客的记录卡上。

三、不同部位的染发比例

1. 发中及发尾部分

在发中及发尾部分，染膏和双氧乳的比例为1∶1。

2. 发根部分

在发根部分，染膏和双氧乳的比例为1∶1，但是要注意，发根所用双氧乳要比发中和发尾处的低一个级别（如发中发尾用9%，则发根用6%）。

四、发根染和同度染的染发比例

1. 发根染

单独操作发根染的时候要注意判断原发色的级别，选用适合的双氧乳，染膏和双氧乳的配比为1∶1。

2. 同度染

同度染是指在头发原有的色度基础上添加一些不同的色调，双氧乳选用6%，可根据所需要的不同发色，选择1∶1或者1∶2来调配染膏和双氧乳。

五、浅染深的染发比例

浅染深是指加深顾客的原发色，在不同的情况下，有不同的调配比例。

如果染深在2°以内，则选用目标色+同度基色+6%双氧乳，按照1∶1∶2的比例调配；如果染深在2°以上，则选用目标色+比目标色低一个级别的基色+6%双氧乳，按照1∶1∶1的比例调配。

技能要求

染膏配制

操作准备

1. 染发之前发质的判断

在操作染发前要对顾客的发质进行判断，通过观察和触摸来确定顾客的头发是健康发、细软发、粗硬发或是受损发。

2. 确定染发目标色并选择染色方案

通过和顾客的沟通，在色板上选取沟通后所确定的目标色，根据顾客原有的发质和发色，确定染发的方案：可选择初染、补染、复染或时髦色盖白发。

3. 顾客染剂过敏反应测试

用染发皮肤测试法对顾客对染剂的过敏反应进行测试，测试无过敏反应后才能开始染发。具体做法是：先清洗耳后或手腕处皮肤，然后用棉签蘸取使用的配方涂在皮肤上，保留24 h。检测结果是阴性时才可以进行染发服务，如果皮肤发红、肿胀、起泡或呼吸急促，即为阳性，不能染发，应寻求医生帮助。最后应将检测结果登记在顾客的记录卡上。在做彩染之前也一样要进行皮肤测试。

操作步骤

步骤1　双氧乳与染膏比例选择

（1）染膏和双氧乳比例为1∶1。这是最常用的配比，出现的颜色效果、色调较为饱和，颜色比较饱满、纯正。

（2）染膏和双氧乳比例为1∶2。这是比较技巧性的配比，出现的颜色效果较为通透，色调不饱和，透光性强，多用于黄色系的搭配。

（3）其他配比。根据不同品牌的染膏，有些会有其独特的配方，在操作这些染膏时，需要按照产品的使用说明书来配比染膏和双氧乳。

步骤2　漂色的比例选择

（1）短发。短发由于头发较短、操作速度较快的原因，可以选择漂发剂浓度较高的比例，1份漂粉加2份双氧乳来调配。

（2）长发。长发因为头发较长、操作较为费时，可以选择漂发剂浓度较低的比例，1份漂粉加3份双氧乳来调配。

注意事项

1. 染发配方的有效时间

染发剂在调配完之后有时间的限定，整个染发剂从调配完成开始氧化到最后氧化失效，过程时间为45 min左右，因此，20～25 min内完成染发剂的涂抹，可以确保完美的效果。

2. 漂发注意的色素段

在操作漂发的时候，头发会自然褪色，通常情况下，在1～4级别的时候头发呈红色，5～7级别呈橙色，8级别以上呈黄色，所以美发师可以根据最后目标色的色调选择最终漂发的级别。

学习单元2　染膏涂抹操作

学习目标

- 了解深色度调整与色调调配运用方法
- 掌握色彩染发的基本流程
- 掌握沐浴漂沐浴染操作方法
- 能够进行染膏涂抹操作

知识要求

一、色彩染发的基本流程

色彩染发的基本流程：皮肤测试→沟通，选择目标色→调配染膏→操作染发→发束检查→冲洗。

二、深色度调整与色调调配运用方法

1. 深色度调整

深色度调整是指在顾客原有发色较深的情况下，重新选择较浅的色度为顾客染色。可选用漂染或褪色膏来进行操作。

2. 色调调配

色调调配是指改变顾客原有发色的色调，一般通过工具色的运用，增加或减少原有的色调。

三、时髦色盖白发染的方法

白发较为集中的情况下，可先染白发较多的部分，再进行全染操作。

白发较为分散的情况下，通过在染发剂中添加基色的方法，进行时髦色盖白发的操作。

技能要求

色彩染发的基本流程

操作准备

（1）选择染发的辅助用品（见表6—1）。

表6—1　　染发用具

序号	工具用品名	单位	数量
1	染发围布	条	1
2	干毛巾	条	2
3	发梳	把	1
4	染发手套	副	1

续表

序号	工具用品名	单位	数量
5	护耳套	副	1
6	染膏	支	1
7	双氧乳（6%/9%）	份	1
8	调色碗	只	1
9	染发刷	把	1
10	染发专用工具车	台	1
11	染发披肩	块	1
12	隔离霜	份	1
13	试剂电子秤	台	1

（2）对顾客进行皮肤测试。

（3）和顾客做好沟通并选好目标色，选定所需要的色膏以及双氧乳。

（4）安全保护措施。为顾客围好围布及披肩，戴好护耳套，如图6—2和图6—3所示。

图6—2　围好围布

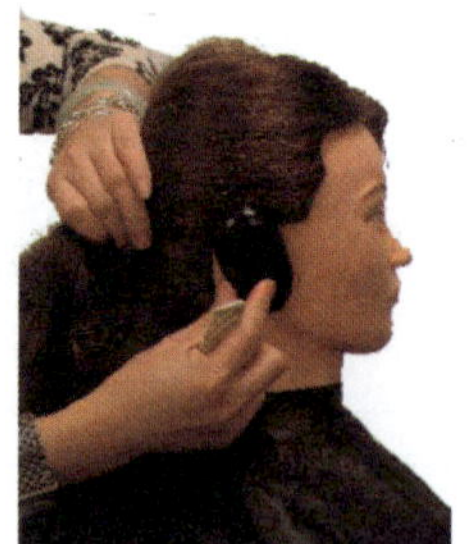
图6—3　戴护耳套

（5）调配染发剂。发根处一般选用强度为6%的双氧乳，如需要可选择9%的双氧乳，如图6—4所示。

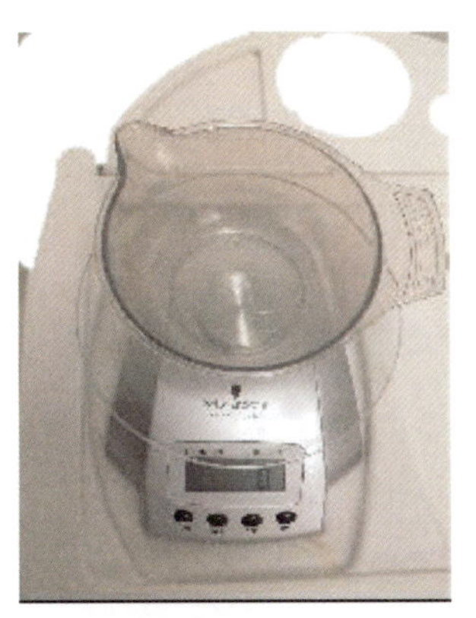

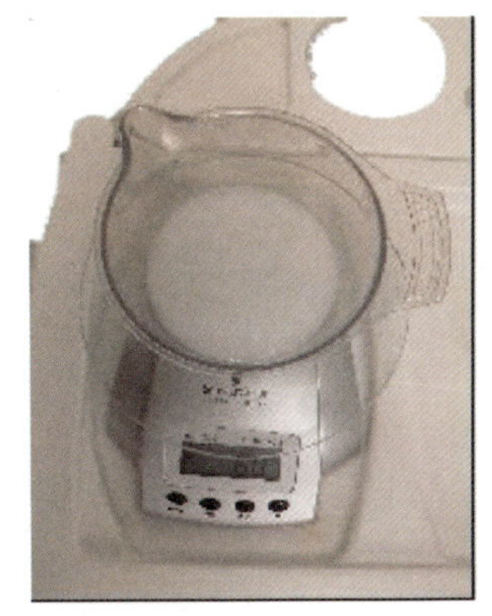

图6—4 调配染发剂

操作步骤

步骤1 将头发分成前后左右4个大的发区，如图6—5、图6—6和图6—7所示。

图6—5 前后分区

图6—6 左右分区

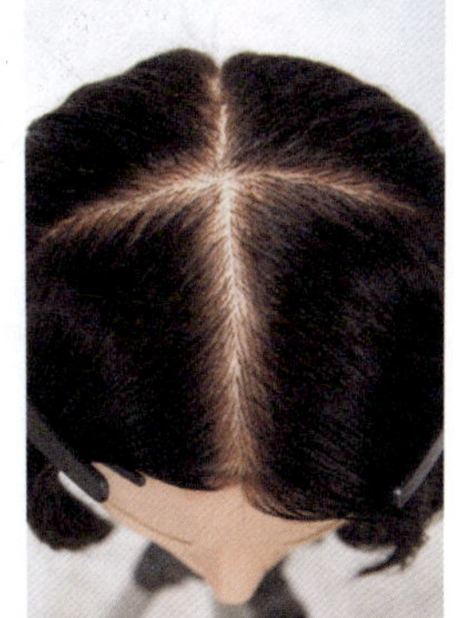

图6—7 分区效果图

步骤2 第一大区涂抹染发剂。涂抹染发剂时，先染后发区，再染两侧发区。分出第一大区第一发片。从下而上，分出第一发片（每发片的厚度为0.75～1 cm），如图6—8所示。

保留发根，涂抹染发剂在第一发片上，在离发根2 cm处开始涂抹染发剂，如图6—9所示。第一发片涂抹后的效果图，如图6—10所示。

继续在第一大区从下往上涂抹染发剂，涂抹时先用刷尖分出发片，用左手抵住发根处，使发片与头皮基本成90° 角。注意涂抹要充足、均匀，涂抹后第一大区整体效果如图6—11所示。

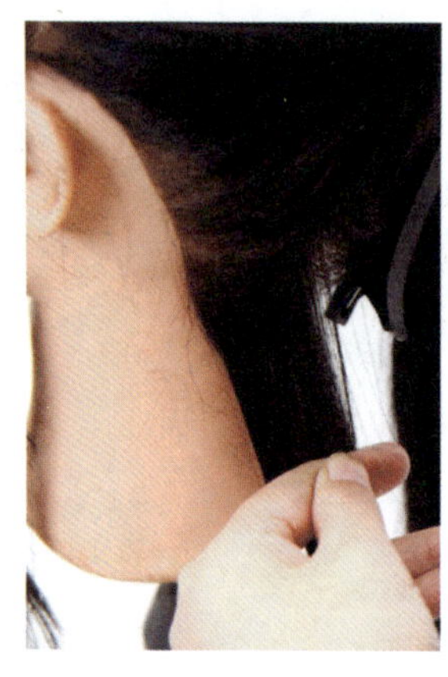

图6—8 第一大区第一发片

图6—9 涂抹第一大区第一发片

图6—10 第一大区第一发片效果图

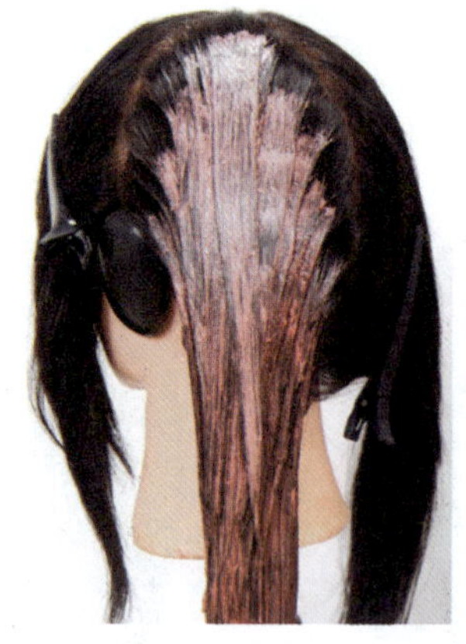

图6—11 第一大区效果图

步骤3 第二大区涂抹染发剂。分出第二大区第一发片，如图6—12所示。保

留发根，涂抹染发剂，如图6—13所示。第二大区整体效果如图6—14所示。

图6—12　第二大区第一发片

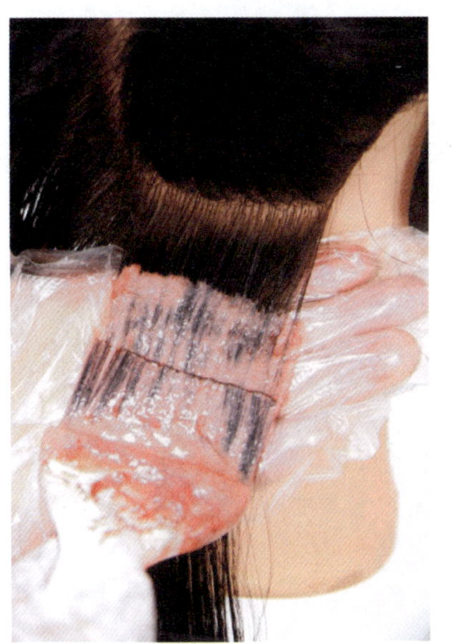

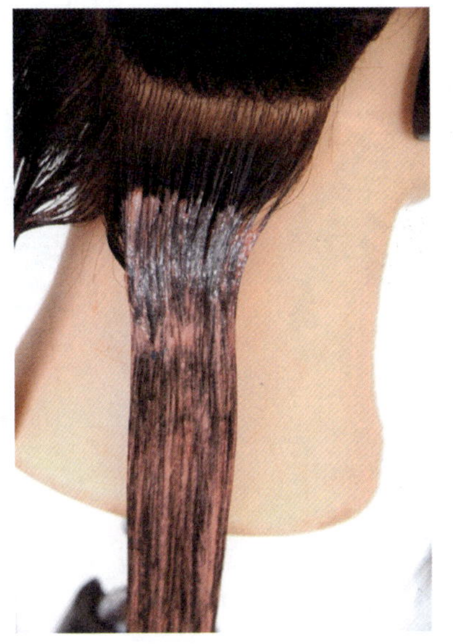

图6—13　涂抹第二大区第一发片

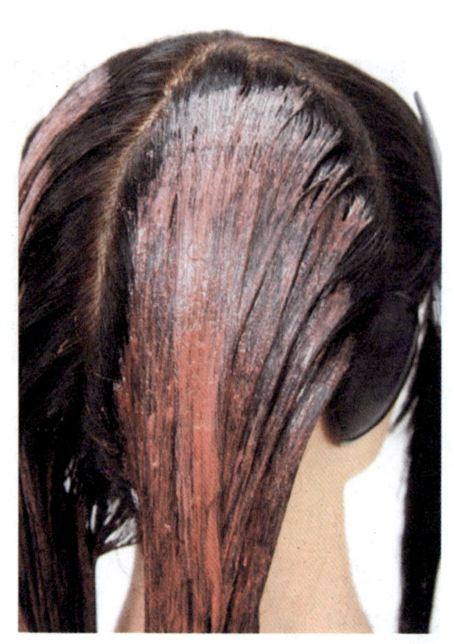
图6—14　第二大区效果图

步骤4　第三大区涂抹染发剂。取出第三大区第一发片。保留发根，涂抹染发剂在第一发片上，如图6—15所示。第三大区第一发片涂抹染发剂效果如图6—16所示。第三大区整体效果如图6—17所示。

图6—15　涂抹第三大区第一发片

图6—16　第三大区第一发片效果图

图6—17　第三大区效果图

步骤5　第四大区涂抹染发剂。取出第四大区第一发片，如图6—18所示。保留发根，涂抹染发剂在第一发片，如图6—19所示。第四大区第一发片效果如图6—20所示。第四大区整体效果如图6—21所示。

图6—18　第四大区第一发片

图6—19　涂抹第四大区第一发片

图6—20　第四大区第一发片效果图

图6—21　第四大区效果图

步骤6　用宽齿梳将所有的头发梳松，如图6—22所示。

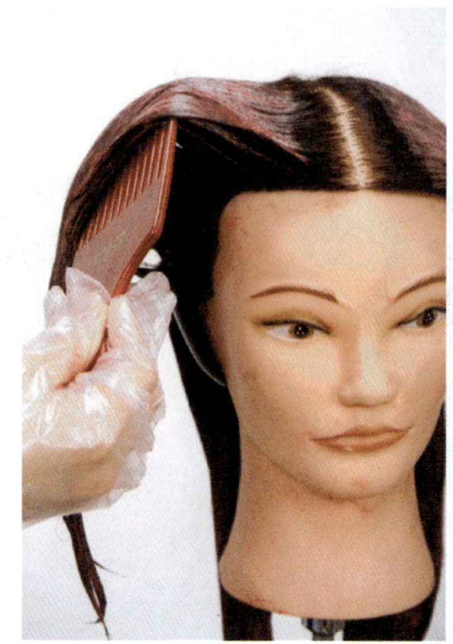

图6—22　宽齿梳梳松头发

步骤7　等候一段时间，自然停放15～20 min，如果需要加热，时间减半，有特殊情况，时间可延长，如图6—23所示。

图6—23　等候时间

步骤8　发束检查，查看发尾的头发是否到位，如图6—24所示。

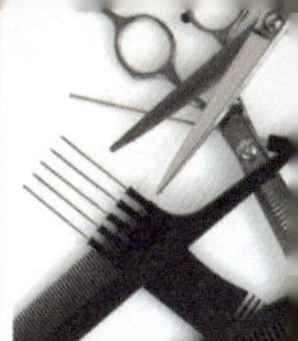

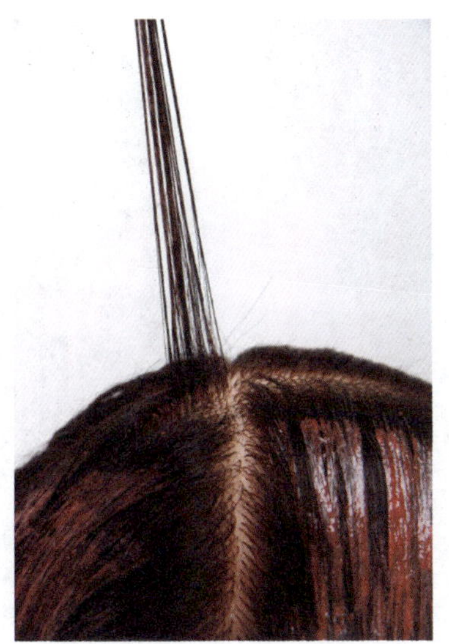

图6—24 发束检查

步骤9 使用比发尾处的低一级别的双氧乳重新调配染发剂（如果发尾使用6%的双氧乳，则发根也同样使用6%的即可），准备涂抹发根部分的头发。

步骤10 第一大区补发根。取第一大区第一发片，如图6—25所示。第一发片补发根，如图6—26所示。第一发片补完发根效果如图6—27所示。第一大区保留头顶高温区的整体效果，如图6—28所示。

图6—25 第一大区第一发片

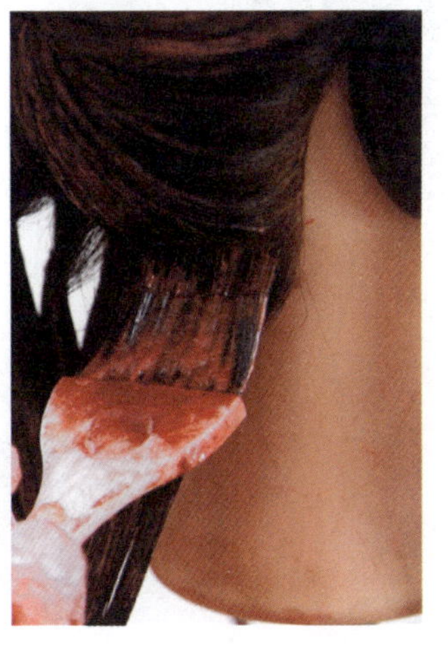

图6—26 第一大区第一发片补发根

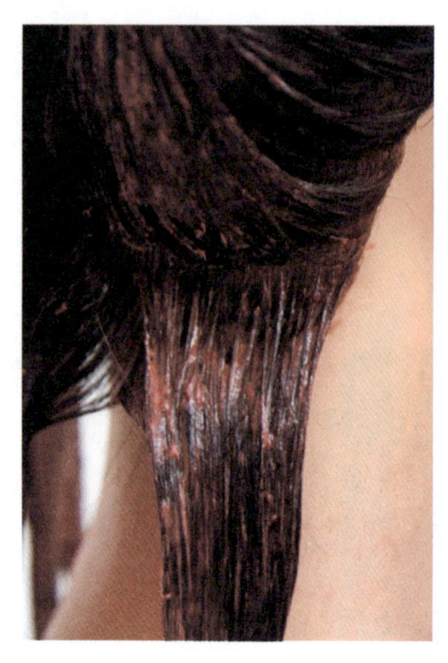
图6—27　第一大区第一发片效果图

图6—28　第一大区效果图

步骤11　第二大区补发根。取第二大区第一发片，如图6—29所示。第一发片补发根，如图6—30所示。第一发片补完发根效果如图6—31所示。第二大区保留头顶高温区的整体效果如图6—32所示。

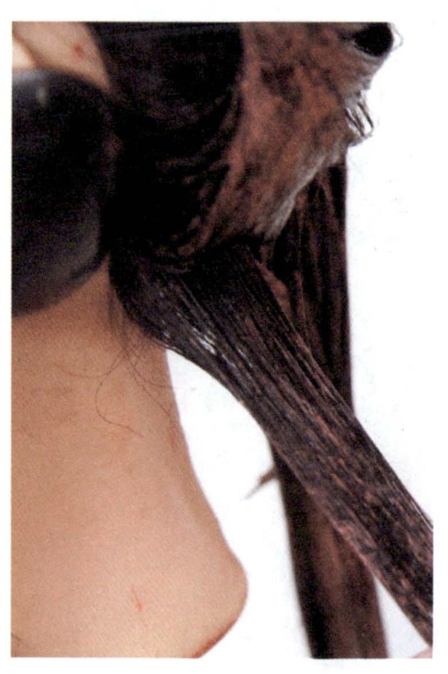
图6—29　第二大区第一发片

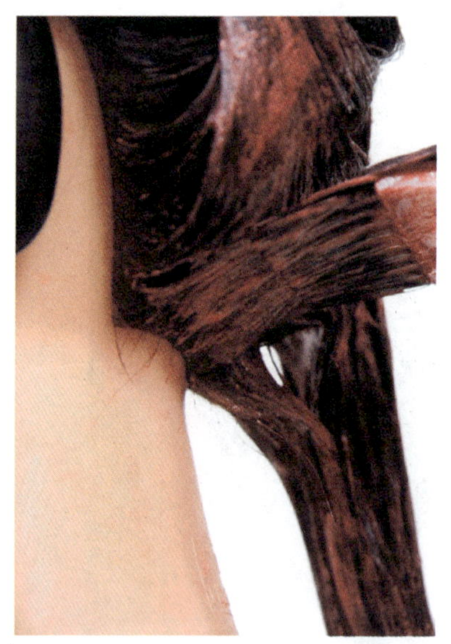
图6—30　第二大区第一发片补发根

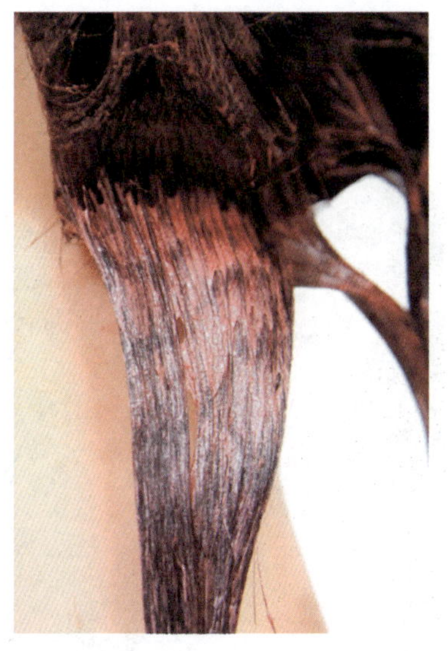

图6—31　第二大区第一发片效果图

图6—32　第二大区效果图

步骤12　第三大区补发根。取第三大区第一发片，如图6—33所示。第一发片补发根，如图6—34所示。第三大区第一发片补发根效果如图6—35所示。第三大区保留头顶高温区的整体效果如图6—36所示。

图6—33　第三大区第一发片

图6—34　第三大区第一发片补发根

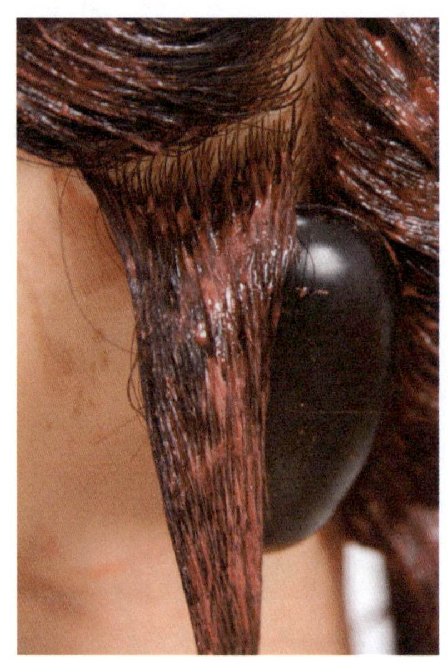

图6—35　第三大区第一发片效果图

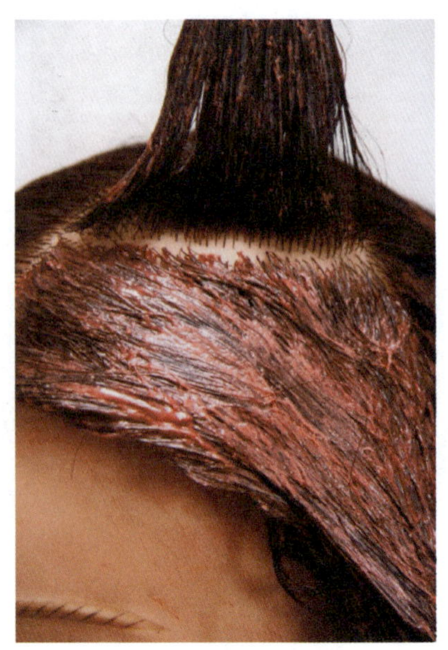

图6—36　第三大区效果图

步骤13　第四大区补发根。取第四大区第一发片，如图6—37所示。第一发片补发根，如图6—38所示。第一发片补发根效果如图6—39所示。第四大区保留头顶高温区的整体效果如图6—40所示。

图6—37　第四大区第一发片

图6—38　第四大区第一发片补发根

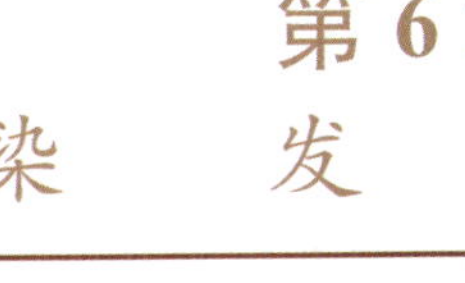

图6—39　第四大区第一发片效果图

图6—40　第四大区效果图

步骤14　第一大区高温区补发根，如图6—41所示。第一大区整体效果如图6—42所示。

图6—41　第一大区高温区补发根

图6—42　第一大区效果图

步骤15　第二大区高温区补发根，如图6—43所示。第二大区整体效果如图6—44所示。

图6—43　第二大区高温区补发根

图6—44　第二大区效果图

步骤16　第三大区高温区补发根，如图6—45所示。第三大区整体效果如图6—46所示。

图6—45　第三大区高温区补发根

图6—46　第三大区效果图

步骤17　第四大区高温区补发根，如图6—47所示。第四大区整体效果如图6—48所示。

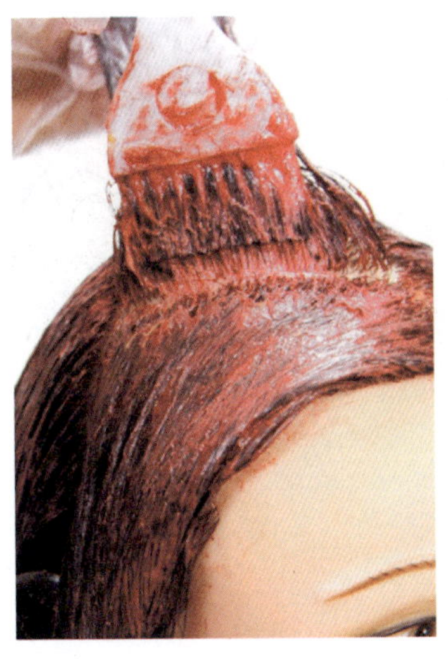

图6—47　第四大区高温区补发根

图6—48　第四大区效果图

步骤18　等候10 min左右，检查发根的显色效果，要求发根和发中以及发尾的颜色基本一致。

步骤19　冲洗。在冲洗之前，需要在头发上用少量的水轻轻揉搓，使发色更为均匀。乳化3 min左右，用专业染后护色洗护系列为顾客清洗头发，如图6—49和图6—50所示。

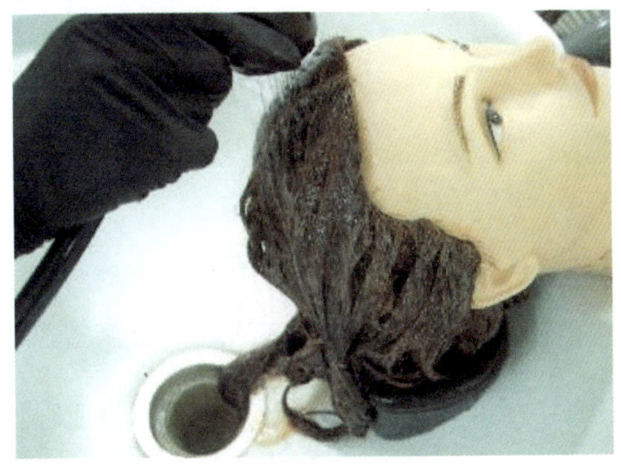

图6—49　冲洗

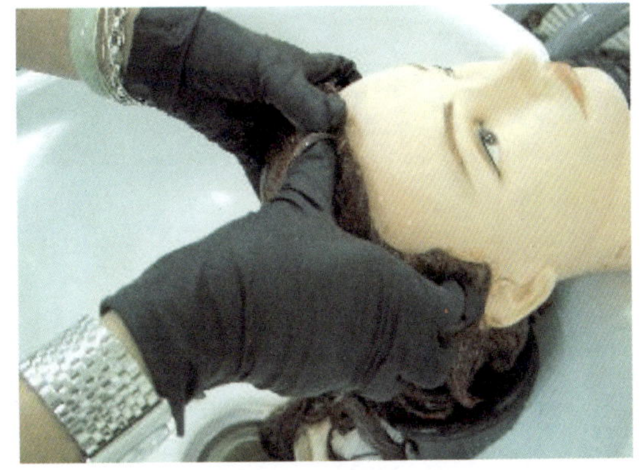

图6—50　揉搓

步骤20　吹风造型，如图6—51所示。

图6—51　吹风造型效果图

注意事项

（1）发片涂抹均匀。

（2）涂抹时间的掌握。

沐浴漂沐浴染

操作准备

（1）选择染发的辅助用品，见表6—2。

表6—2　染发用品

序号	工具用品名	单位	数量
1	染发围布	条	1
2	干毛巾	条	2
3	发梳	把	1
4	染发手套	副	1
5	护耳套	副	1
6	染膏	支	1

续表

序号	工具用品名	单 位	数 量
7	双氧乳（6%/9%）	份	1
8	调色碗	只	1
9	染发刷	把	1
10	染发专用工具车	台	1
11	染发披肩	块	1
12	隔离霜	份	1
13	试剂电子秤	台	1

（2）对顾客进行皮肤测试。

（3）和顾客做好沟通并选好目标色，选定所需要的色膏以及双氧乳。

（4）安全保护措施。为顾客围好围布及披肩，戴好护耳套。

（5）调配染发剂。发根处一般选用强度为6%的双氧乳，如需要可选择9%的双氧乳。

操作步骤

步骤1　将头发分成4个大的发区，如图6—52所示。

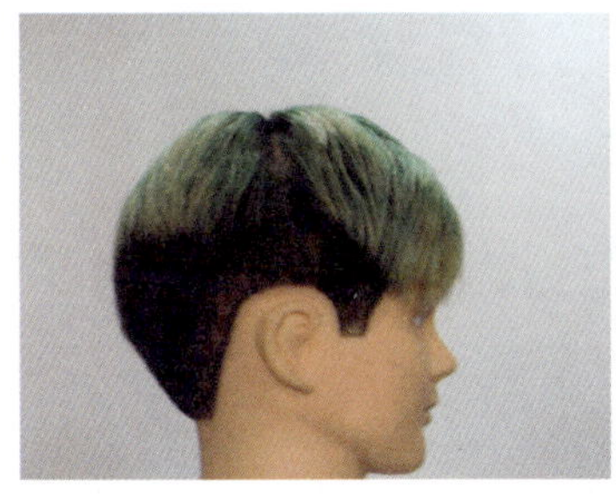

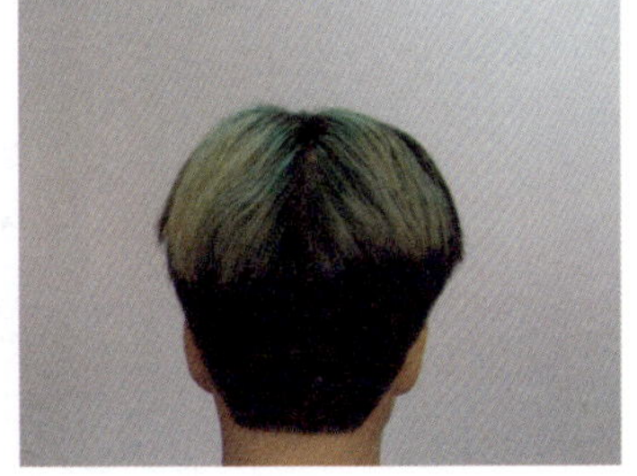

图6—52　头发分区

步骤2　取第一大区第一发片，涂抹漂膏在头发上，如图6—53所示。

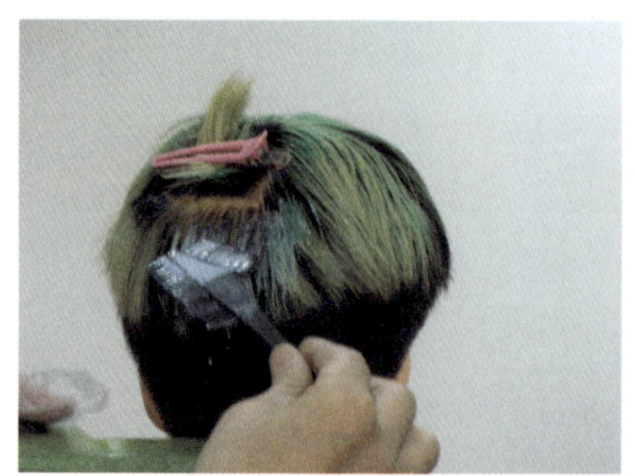

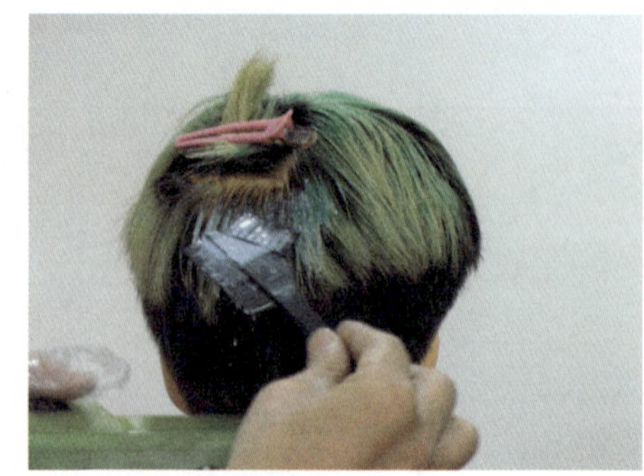

图6—53　第一大区第一发片涂抹漂膏

步骤3　取第一大区最后一发片，涂抹漂膏在头发上，如图6—54所示。

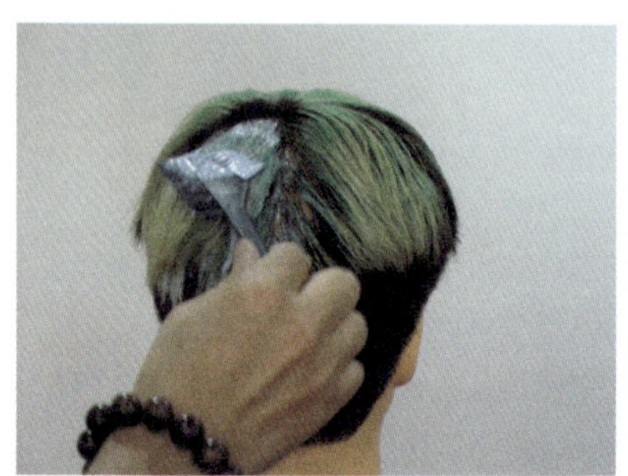

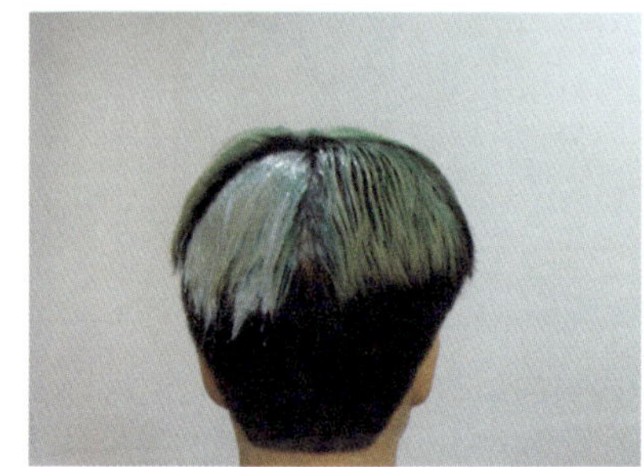

图6—54　第一大区最后一发片涂抹漂膏

步骤4　涂抹漂膏在第二大区第一发片上，如图6—55所示。

图6—55　第二大区第一发片涂抹漂膏

步骤5　涂抹漂膏在第二大区第二发片上，如图6—56所示。

图6—56　第二大区第二发片涂抹漂膏

步骤6　涂抹漂膏在第二大区最后一发片上，如图6—57所示。涂好后效果如图6—58所示。

图6—57　第二大区最后一发片涂抹漂膏

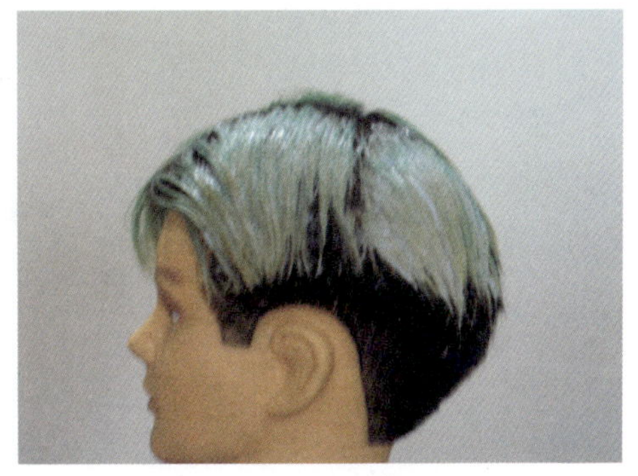

图6—58　漂膏涂好效果图

步骤7　涂抹漂膏在第三大区发片上，如图6—59所示。

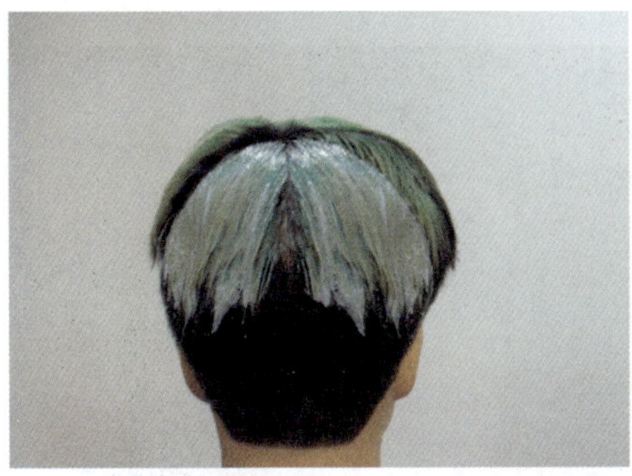

图6—59　第三大区涂抹漂膏

步骤8　涂抹漂膏在第四大区发片上，如图6—60所示。最后整体效果如图6—61所示。

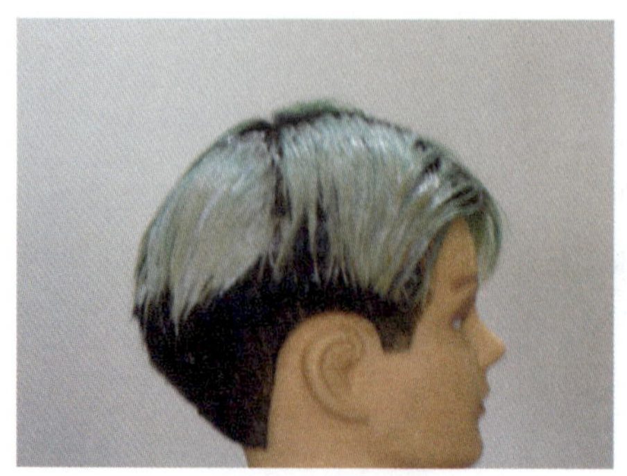

图6—60　第四大区涂抹漂膏

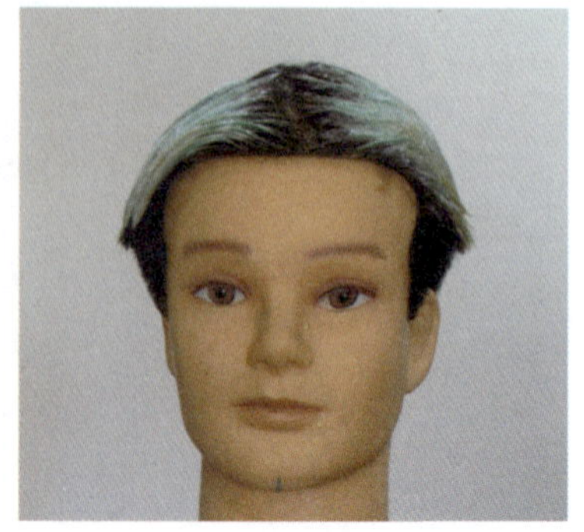

图6—61　最后的整体效果图

步骤9　涂完漂膏后用手像洗发一样在头上打圈搓揉到整体均匀饱满吸收。最后停放30 min，如图6—62所示。

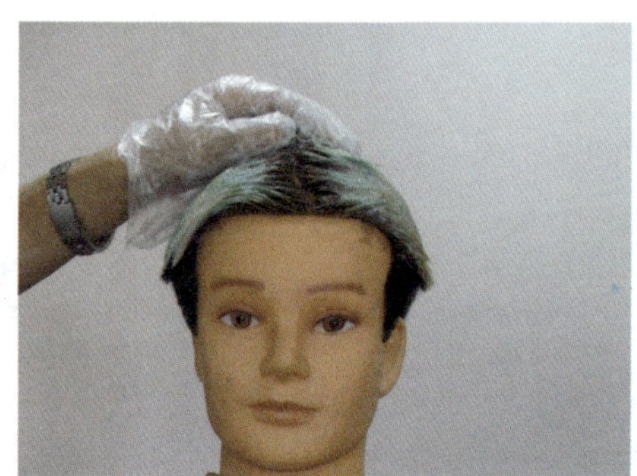

图6—62　漂膏停放一段时间

步骤10　停放30 min后冲洗头发，如图6—63所示。

图6—63　冲洗头发

步骤11　漂色完成，如图6—64所示。

图6—64　漂色完成效果图

步骤12　沐浴染操作，先将头发分出4个大的发区，如图6—65所示。

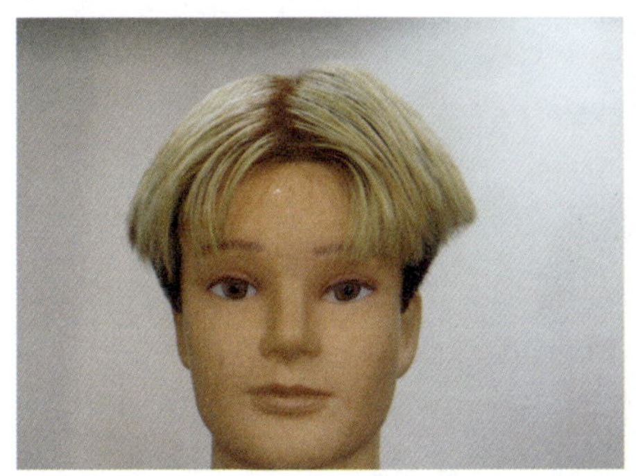

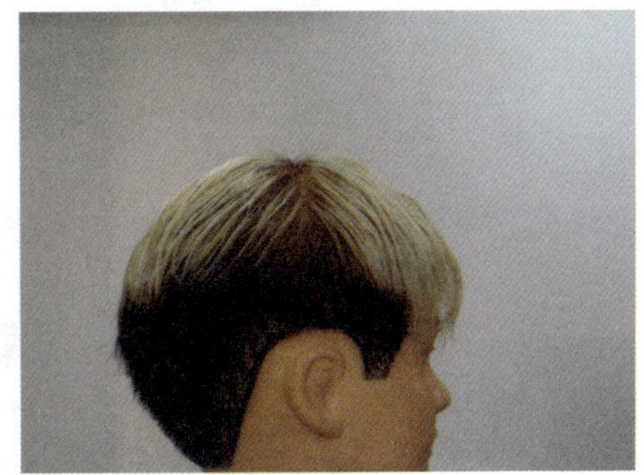

图6—65　头发分区

步骤13　涂抹染膏在第一大区发片上，如图6—66所示。

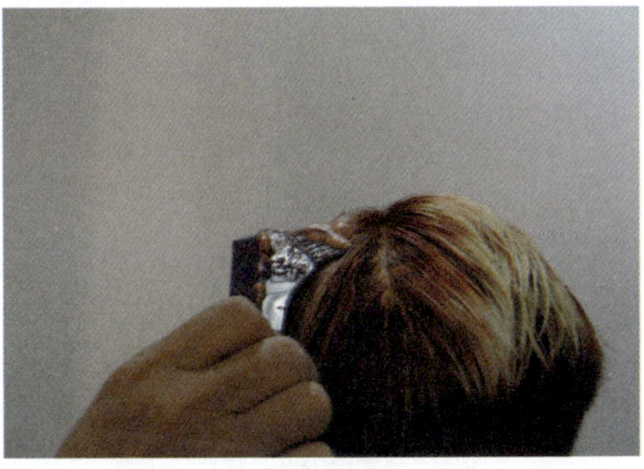

图6—66　第一大区涂抹染膏

步骤14 涂抹染膏在第二大区发片上，如图6—67所示。第一、第二大区整体效果如图6—68所示。

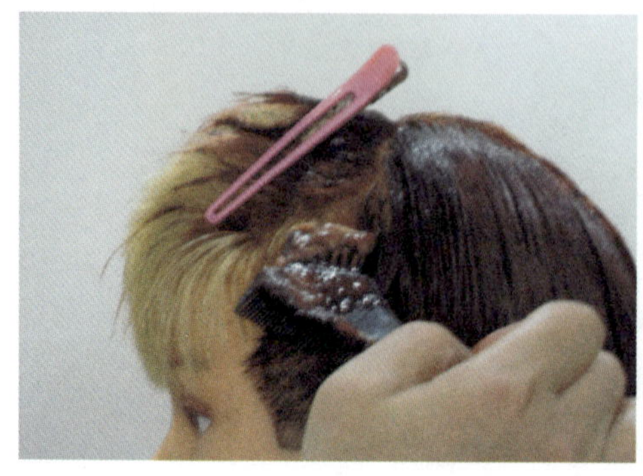
图6—67 第二大区涂抹染膏

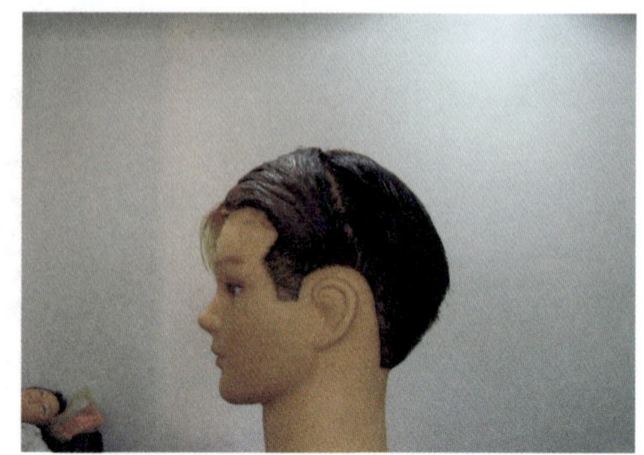
图6—68 第一、第二大区效果图

步骤15 继续在第三大区和第四大区的发片上涂抹染膏。整体涂完效果如图6—69所示。

图6—69 整体涂抹染膏效果图

步骤16 涂完染膏后用手像洗发一样在头上打圈搓揉到整体均匀饱满吸收。最后停放30 min后冲洗，如图6—70所示。

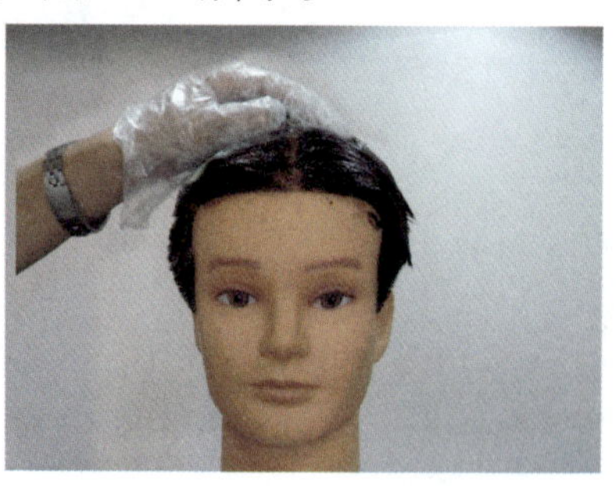
图6—70 染膏停放一段时间

步骤17　整体完成效果如图6—71所示。

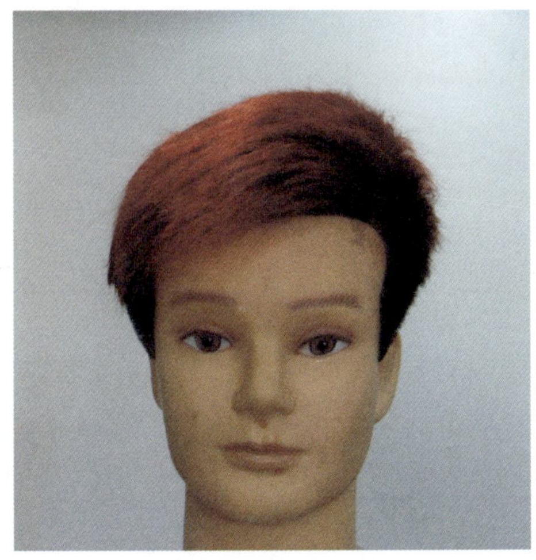

图6—71　整体完成效果图

注意事项

（1）发片涂抹均匀。

（2）涂抹时间的掌握。

深色度调整与色调调配操作

操作准备

（1）选择染发的辅助用品，见表6—3。

表6—3　　染发用品

序号	工具用品名	单位	数量
1	染发围布	条	1
2	干毛巾	条	2
3	发梳	把	1
4	染发手套	副	1
5	护耳套	副	1

续表

序号	工具用品名	单位	数量
6	染膏	支	1
7	双氧乳（6%/9%）	份	1
8	调色碗	只	1
9	染发刷	把	1
10	染发专用工具车	台	1
11	染发披肩	块	1
12	隔离霜	份	1
13	试剂电子秤	台	1

（2）对顾客进行皮肤测试。

（3）和顾客做好沟通并选好目标色，选定所需要的色膏以及双氧乳。

（4）安全保护措施。为顾客围好围布及披肩，戴好护耳套。

（5）调配染发剂。调配染发剂，染膏与双氧乳的比例为1∶1，根据发质，显色程度选择不同的双氧乳，如有记录卡，则按照记录卡上标注的双氧乳度数来选择。

操作步骤

步骤1 将头发分成4个大的发区，如图6—72所示。

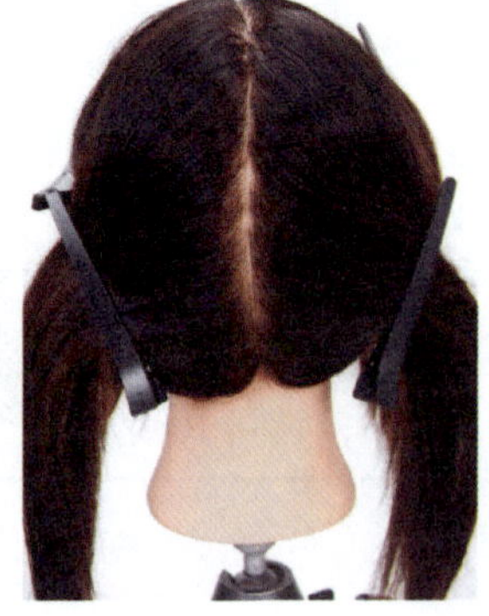

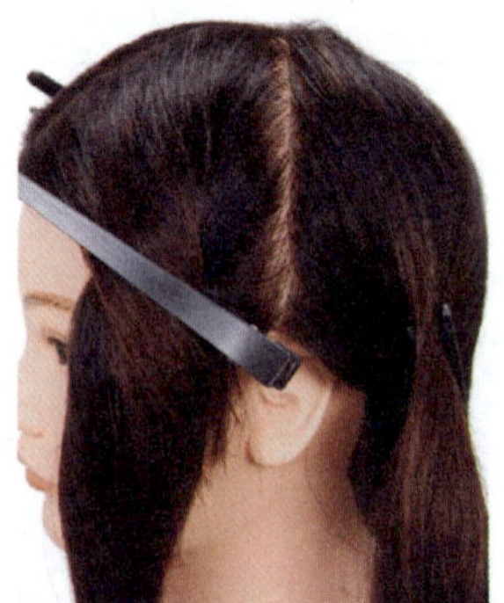

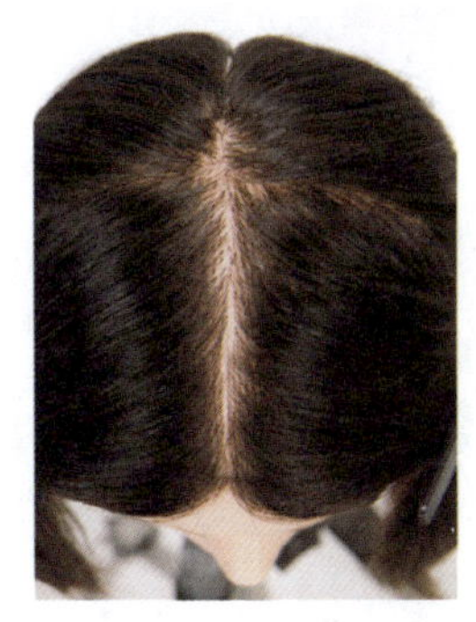

图6—72　头发分区

步骤2　第一大区第一发片涂抹染膏。分出第一大区第一发片，如图6—73所示。

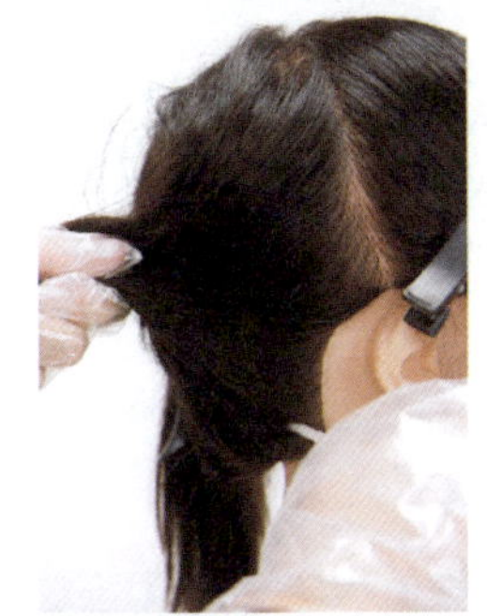

图6—73　第一大区第一发片

将发片垫在手上，如图6—74所示。涂抹染膏在第一发片上，保留发根，如图6—75所示。

图6—74　发片垫于手上

图6—75　第一大区第一发片涂抹染膏

用手或刷子将发片上的染膏处理均匀，如图6—76所示。第一发片涂抹完成效果如图6—77所示。

图6—76　染膏处理均匀

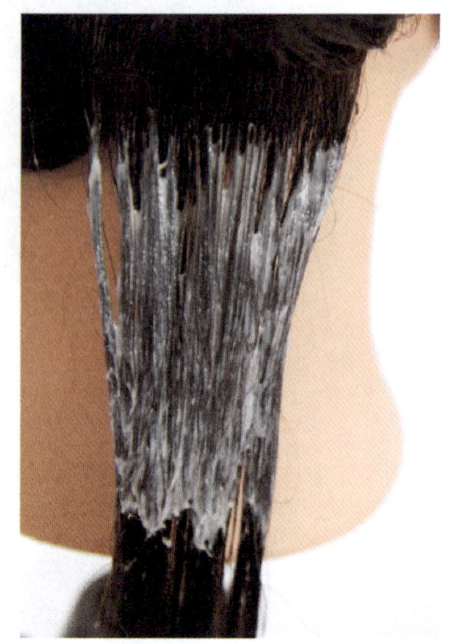

图6—77　第一大区第一发片效果图

步骤3　第一大区第二发片涂抹染膏。分出第一大区第二发片，如图6—78所示。

图6—78　第一大区第二发片

保留发根，涂抹第二发片，如图6—79所示。第二发片效果如图6—80所示。

继续取发片涂抹染膏，第一大区整体效果如图6—81所示。

图6—79　第一大区第二发片涂抹染膏

图6—80　第一大区第二发片效果图

图6—81　第一大区效果图

步骤4　第二大区涂抹染膏。第二大区第一发片，如图6—82所示。保留发根，涂抹染膏，如图6—83所示。

图6—82　第二大区第一发片

图6—83　第二大区第一发片涂抹染膏

第二大区第一发片效果如图6—84所示。第二大区整体效果如图6—85所示。

图6—84　第二大区第一发片效果图

图6—85　第二大区效果图

步骤5　第三大区涂抹染膏。分出第三大区第一发片，如图6—86所示。保留发根，涂抹染膏，如图6—87所示。

图6—86　第三大区第一发片

图6—87　第三大区第一发片涂抹染膏

第三大区第一发片效果如图6—88所示。第三大区整体效果如图6—89所示。

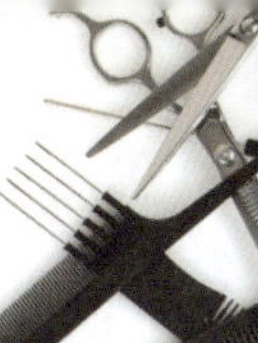

图6—88　第三大区第一发片效果图

图6—89　第三大区效果图

步骤6　第四大区涂抹染膏。取第四大区第一发片，如图6—90所示。保留发根，涂抹染膏，如图6—91所示。

图6—90　第四大区第一发片

图6—91　第四大区第一发片涂抹染膏

第四大区第一发片效果如图6—92所示。第四大区整体效果如图6—93所示。全头整体效果如图6—94所示。

图6—92　第四大区第一发片效果图

图6—93　第四大区效果图

图6—94　全头整体效果图

步骤7　等候一段时间，自然停放15～20 min，如果需要加热，时间减半，有特殊情况，时间可延长，并且检查发束，如图6—95所示。

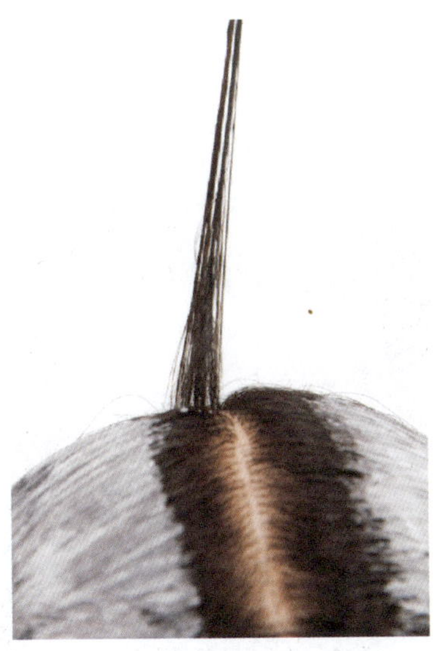

图6—95　检查发束

步骤8　用比发中处的低一级别的双氧乳重新调配染发剂，如果发中使用6%的双氧乳，则发根也同样使用6%即可。

步骤9　第一大区补发根。取第一大区第一发片，并补发根，如图6—96所示。第一发片补完发根效果，如图6—97所示。

图6—96　第一大区第一发片补发根

图6—97　第一大区第一发片效果图

第一大区保留头顶高温区的整体效果如图6—98所示。

图6—98　第一大区效果图

步骤10　第二大区补发根。取第二大区第一发片，如图6—99所示。第一发片补发根，如图6—100所示。

图6—99　第二大区第一发片

图6—100　第二大区第一发片补发根

第二大区第一发片补发根效果，如图6—101所示。第二大区保留头顶高温区的整体效果如图6—102所示。

图6—101　第二大区第一发片效果图

图6—102　第二大区效果图

步骤11　第三大区补发根。取第三大区第一发片，如图6—103所示。第一发片补发根，如图6—104所示。

图6—103　第三大区第一发片

图6—104　第三大区第一发片补发根

第一发片补发根效果如图6—105所示。第三大区保留头顶高温区的整体效果如图6—106所示。

图6—105　第三大区第一发片效果图

图6—106　第三大区效果图

步骤12　第四大区补发根。取第四大区第一发片，如图6—107所示。第一发片补发根，如图6—108所示。

图6—107　第四大区第一发片

图6—108　第四大区第一发片补发根

第一发片补发根效果如图6—109所示。第四大区保留头顶高温区的整体效果

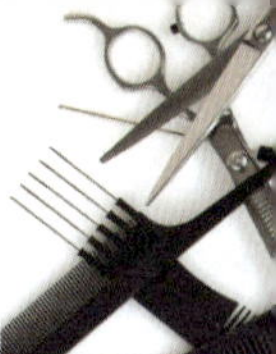

如图6—110所示。

图6—109　第四大区第一发片效果图

图6—110　第四大区效果图

步骤13　涂抹完成，做后期检查。

步骤14　用叉梳将头发挑松，如图6—111所示。

图6—111　叉梳挑松头发

步骤15 发束检查，如图6—112所示。

图6—112 发束检查

步骤16 用宽齿梳和手配合，依次将补发根的染膏梳拉在各个发区的发尾部分，如图6—113所示。

图6—113 梳拉染膏

步骤17　发束检查，如图6—114所示。

图6—114　发束检查

步骤18　冲洗。在冲洗之前，需要在头发上用少量的水轻轻揉搓，使发色更为均匀。乳化3 min左右，用专业染后护色洗护系列为顾客清洗头发。

步骤19　成型后的效果如图6—115所示。

图6—115　成型后效果图

注意事项

（1）发片涂抹均匀。

（2）涂抹时间的掌握。

时髦色盖白发染发的操作

操作准备

（1）选择染发的辅助用品，见表6—4。

表6—4　染发用具

序号	工具用品名	单位	数量
1	染发围布	条	1
2	干毛巾	条	2
3	发梳	把	1
4	染发手套	副	1
5	护耳套	副	1
6	染膏	支	1
7	双氧乳（6%／9%）	份	1
8	调色碗	只	1
9	染发刷	把	1
10	染发专用工具车	台	1
11	染发披肩	块	1
12	隔离霜	份	1
13	试剂电子秤	台	1

（2）在操作时髦色盖白发时，需要先对顾客进行皮肤测试，以确定可以进

行染发项目的操作。

（3）和顾客做好沟通并选好目标色，选定所需要的色膏以及双氧乳。观察了解顾客白发的发量比例、白发分布的状况，确定染发的方案。白发分布比较集中或者比较分散，白发发量的多少都是决定操作步骤的重要因素。

（4）安全保护措施。为顾客围好围布及披肩，戴好护耳套。

（5）调配染发剂。发根处一般选用强度为6%的双氧乳，如需要可选择9%的双氧乳。

操作步骤

1. 白发分布比较集中

步骤1　调配染膏。

（1）白发分布比较集中、白发发量比较多（>50%）。当顾客的白发分布比较集中且白发发量较多（白发发量>50%）的时候，应该以2个配方来操作染膏的调配。

1）基色染发剂。以比目标色低一个级别的基色染膏配上基色4染膏，再配以3%的双氧乳。

例如，目标色是8.4，则配方为：

7 ＋ 4 ＋ 3%

1 ∶ 1 ∶ 2

2）目标色染发剂。以顾客原本的发色和目标色之间的色度级别差选出适合的双氧乳。按照初染的染发剂调配，给顾客整体操作全染即可。

（2）白发分布集中、白发发量较少（<50%）。当顾客的白发分布较为集中同时白发发量较少的情况下（白发发量<50%），同样以2个配方操作调配染发剂。相对于发量较多的情况，所不同的是在基色染发剂的调配上以目标色同级别的基色染膏配上基色4染膏，再配3%的双氧乳，刷白发部分即可。目标色染发剂采用同样的方式调配。

例如，基色染发剂调配：目标色是8.4，则配方为：

8 ＋ 4 ＋ 3%

1 ∶ 1 ∶ 2

步骤2　涂抹白发部分。用夹子将白发集中的地方分出来，以基色染发剂从发根到发梢一次涂抹白发部分，每发片的厚度为0.75～1 cm。注意涂抹要充足、均匀，如图6—116所示。

图6—116　涂抹白发部分

步骤3　等候一段时间，自然停放30 min。如果需要加热，时间不短于20 min，有特殊情况，时间可延长。

步骤4　发束检查。查看发中的头发颜色是否到位，有无白发没有遮盖的情况出现，如图6—117所示。

图6—117　发束检查

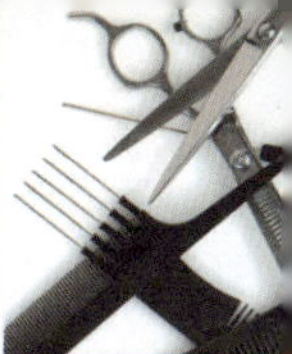

步骤5 用密齿梳将头发上的染膏梳走，再以毛巾将染过基色染膏的头发擦拭干净，如图6—118和图6—119所示。

图6—118 密齿梳梳走染膏　　图6—119 擦拭头发

步骤6 将头发分成4个发区，涂抹目标色染发剂。先染后发区，再染两侧发区。每发片的厚度为0.75～1 cm。在离发根2 cm处开始涂抹染发剂。涂抹时，先用刷尖分出发片，用左手抵住发根处，使发片与头皮基本成90°角。注意涂抹要充足、均匀，如图6—120所示。

图6—120 涂抹目标色染发剂

步骤7 等候一段时间，自然停放15～20 min，如果需要加热，时间减半，有特殊情况，时间可延长。

步骤8 发束检查。查看发中的头发颜色是否到位，如图6—121所示。

图6—121 发束检查

步骤9 使用比发中处的低一级别的双氧乳重新调配染发剂（如果发中使用6%的双氧乳，则发根也同样使用6%即可），涂抹发根部分的头发，如图6—122所示。

图6—122 涂抹发根

步骤10 等5 min左右，检查发根、发尾的显色效果，要求发根和发中以及

发尾的颜色基本一致，如图6—123所示。

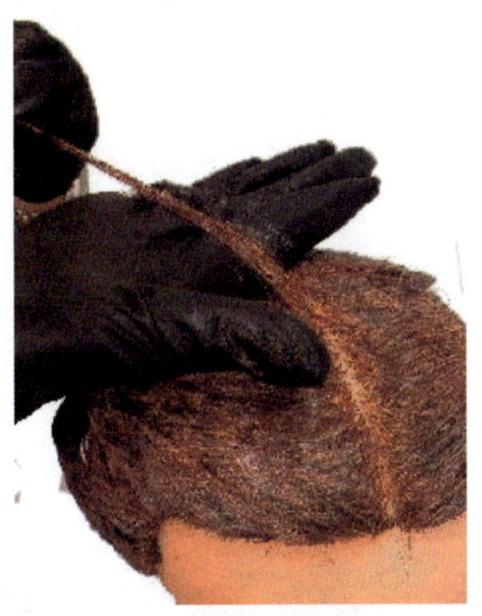

图6—123　检查显色效果

步骤11　冲洗。在冲洗之前，需要在头发上用少量的水轻轻揉搓，使发色更为均匀。乳化3 min左右，用专业染后护色洗护系列为顾客清洗头发。

步骤12　吹风造型。

2. 白发分布分散

步骤1　调配染膏。

（1）白发分布分散、白发发量多（>50%）。当顾客的白发分布较为分散同时白发发量比较多（白发发量>50%）的情况下，在操作染发的染膏调配上加入基色4染膏，并配以6%双氧乳，按照目标色染膏与基色染膏1∶1的比例来调配，用来遮盖白发。

例如，目标色8.4，则配方为：

8.4 ＋ 4 ＋ 6%

1　∶ 1　∶ 2

（2）白发分布分散、白发发量少（<50%）。当顾客的白发分布较为分散同时白发发量比较少（白发发量<50%）的情况下，在操作染发的染膏调配上加入基色4染膏，并配以6%双氧乳，按照目标色染膏与基色染膏2∶1的比例调配，用来遮盖白发。

例如，目标色8.4，则配方为：

8.4 + 4 + 6%

2 : 1 : 3

步骤2 将头发分成4个发区，如图6—124所示。

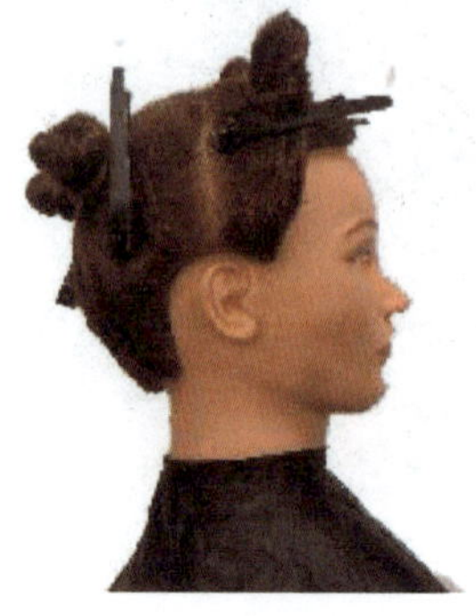
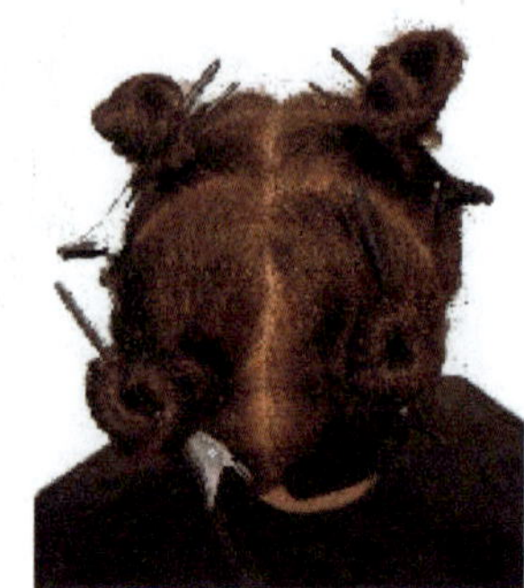

图6—124 头发分区

步骤3 涂抹染发剂。先染前发区，再染后发区。每发片的厚度为0.75～1 cm。所有头发从发根到发尾一步涂刷，不用留发根。涂抹时，先用刷尖分出发片，用左手抵住发根处，使发片与头皮基本成90°角。注意涂抹要充足、均匀，如图6—125所示。

图6—125 涂抹染发剂

步骤4　等候一段时间，自然停放45～60 min。如果需要加热，时间不少于30 min，有特殊情况，时间可延长。

步骤5　发束检查。查看发中的头发颜色是否到位，有无白发没有遮盖的情况出现。

步骤6　冲洗。在冲洗之前，需要在头发上用少量的水轻轻揉搓，使发色更为均匀。乳化3 min左右，用专业染后护色洗护系列为顾客清洗头发。

步骤7　吹风造型，如图6—126所示。

图6—126　造型效果图

注意事项

1. 涂抹过程中的要点

在涂抹染发剂的时候要仔细，发片不可以分得太厚，以免影响涂抹时整体的均匀度。要分清楚是一段式涂抹，还是要分段涂抹。染发剂的量要适当，不能过少或过多。染发剂过少会造成染发剂渗透不足，颜色达不到所需要的效果；染发剂过多则会造成头发被染发剂过度包裹，而使内部的染发剂无法充分氧化，或者人工色素吸收过多，同样会影响最后的效果。

在盖白发的过程中，要注意先涂抹白发部分的头发，注意盖白发的时候，染

发剂的量要充足，可重点涂抹白发部位，保证白发上染发剂的充分覆盖。

2. 试色的方法

取出最后操作涂抹染发剂的发束，擦拭掉发束上的染发剂，将发束置于操作者和光源之间，进行透光检查，通过对比现有发束所达到的色度级别和目标色，来确定颜色是否到位。

在盖白发的时候，要先检查有白发的部位，擦拭掉发束上的染膏，观察白发是否上色以及和目标色的差别，以确定白发是否全覆盖。

学习单元3　染发后的护理

学习目标

- 了解染后护理的目的
- 掌握染后头发护理方法

知识要求

一、染后护理的目的

1. 保护头发

众所周知，头发经过染发操作之后，表面的鳞状表层受到伤害，会逐渐脱落，造成头发干枯分叉、没有光泽等不良的后果。在染发后进行染后护理，可以很好地修护头发的鳞状表层，并且深层滋润头发，让头发看起来更加健康。

2. 维持颜色的持久性

头发在完成染发操作之后，就会开始逐步褪色，经过一段时间的自然褪色之后，头发会由刚刚染发之后的饱满色泽变得黯淡，没有光泽。所以在染发后，要定期做护色的护理，以保证颜色的持久性，令发色看起来更加饱满、鲜艳。

众所周知，经常染发会对头发产生刺激，并会造成头发干枯、开叉、断裂。

染发后若不注意护理和保养，也会对头发产生影响，有时头发的色调还会改变，可见染发后的护理和保养是很有必要的。

二、染后护理用品知识

1. 护色焗油护理

染后焗油护理使用的是专业的护色焗油产品，通常情况下这类产品属于不需要加热类的焗油护理产品，它的化学分子较小，能深入头发内部，并含有少量的色素粒子，起到锁色护色的效果。

2. 洗发水护发素

染后洗发水和护发素是专门针对染完的头发的洗护系列产品，通常是偏酸性的洗护产品，针对染后头发受损、较脆弱的特点，在温和清洗头发的同时，给予头发细致的呵护。由于偏酸性的特点，其不会过多地打开头发的鳞状表层，可减少头发内色素流失的速度，内含的阳离子配方也能令头发看起来更加富有光泽。

三、染后护理的方法

1. 染后护色焗油护理

在给顾客做完颜色之后，不用上护发素，直接按照操作护理的方法给顾客涂抹染后护色焗油护理，注意不要涂到顾客的头皮，在发际线周围围上棉条，用保鲜膜包好后，在上面覆盖一条毛巾，无须加热。等20 min之后冲水，之后吹风造型。

2. 染后洗发水护发素

在操作染后洗发水的时候要注意时间不要太久，3 min之后就可以清洗，而护发素的时间可以略久一些，在把护发素涂抹在头发上之后，按摩头皮，5～8 min之后冲水即可。

四、染后护理的作用

（1）染后护理对头发起到锁色护色的作用，让颜色更持久，减缓褪色速度。

（2）染后护理让发色看起来更加饱满，颜色更加鲜艳，色素稳定，加强发色光泽度，让头发光滑柔顺。

五、染后护理的注意事项

1. 工作准备

（1）分析头发的性质及受损程度。

（2）选择合适的护理产品。

（3）准备操作护理的碗、刷，以及加热的工具。

（4）为顾客围好围布。

2. 工作程序

（1）根据不同发质选择护理方法。在为顾客操作染后护理的时候，要注意顾客的发质，并根据发质决定操作的方法。

当顾客为初次染发时，所有头发都是处于轻度受损状态，这个时候应该在整个头发上涂抹染后护理产品，并包上保鲜膜，围上毛巾，在等待15～20 min后按摩头皮并冲水。

顾客的染发操作为补染或复染时，头发分为中度或重度受损2种发质。这个时候应该在发中及发尾这些头发受损严重的部位先涂抹染后护理系列产品。停放5 min后，再在发根头发轻度受损的部分涂抹染后护理系列产品。之后包保鲜膜，使用仪器加热10 min，之后按摩头皮并冲水。

（2）洗发时的护理。洗发时，应注意使用专业的染后洗护系列产品为顾客洗发。专业的染后洗护系列产品中的洗发水为酸性洗发水，能温和清洗头发并防止头发的鳞状表层过分张开而流失头发中的人工色素。而专业染后洗护系列产品中的护发素含有胶原蛋白，能补充头发所流失的营养成分，并有效收紧头发的鳞状表层，锁紧颜色不流失。二者配合使用，能有效延长头发颜色的保持时间。

（3）日常生活中的护理。顾客在日常生活中所使用的产品有：免冲洗护发素、家用护理套装、家用倒膜等。这类产品使用者多为工作较忙、经常出差或者不愿意去发廊做护理的人。

这类护理产品的使用通常是顾客在家中洗发之后涂抹在头发上，然后用热毛巾或者焗油帽包在头发上，起到护理的作用。免冲洗的护发素是不需要加热与冲洗的。其他的都需要在完成家庭护理之后，用温水冲洗干净，以达到日常家庭护理的目的。

（4）护理的周期。染后护理一般建议在染发项目结束之后就要做一次，之后每3周左右做一次以巩固染发的效果。

测　试　题

一、判断题（请将判断结果填入括号中，正确的填“√”，错误的填“×”）

1. 头发油脂分泌过多并伴有许多头皮屑脱落是油性发质的特点。（　）
2. 强力型药液偏碱性，适合头发比较粗硬的发质或不易卷曲的发质。（　）
3. 拐子烫适用于长发，烫后不用吹风，有一定的弹性，并形成螺旋花纹。（　）
4. 单层裹纸法是最不常用的裹纸方法。（　）
5. 卷曲度与烫发直径和形状相符，说明已经达到预期效果。（　）
6. 在卷杠操作时，采用一种变形橡皮带卷杠可以避免皮筋勒痕。（　）
7. 选择适合发质的烫发剂，根据发质调制烫发剂。（　）
8. 氧化染发剂是不含有氧化剂（显色剂）的染发产品。（　）
9. 在染发的渗透阶段，其实就是人工色素分子和氧分子的渗透过程。（　）
10. 不同品牌染发剂的区别在于色调的表达方式不同。（　）
11. 亚洲人的天然发一般从2°到4°，呈不同程度的黑棕色。（　）
12. 自然色系又称为基色色系，代表头发的色度。（　）
13. 显色剂配合染膏带出天然色素。（　）
14. 过敏测试后皮肤发红、肿胀、起泡或呼吸急促，即为阳性，可以染发。（　）

二、单项选择题（选择一个正确的答案，将相应的字母填入括号中）

1. （　）视觉上还是在触觉上都是很油腻，并伴有许多头皮屑脱落。

A. 油性发质　B. 干性发质　C. 中性发质　D. 混合发质

2. （　）在视觉上头发表面缺少光泽，发尾部分开叉，呈枯黄色。

A. 油性发质　B. 受损头发　C. 中性发质　D. 混合发质

3. （　）：酸碱性比例相等，适合头发粗细适中发质和正常发质。

A. 普通型　B. 偏碱性　C. 强力型　D. 弱酸性

4. （　）的效果是错落有致，烫发之间紧密相连不留间隙，造型饱满。

A. 椭圆模式　B. 砌砖模式　C. 交叉模式　D. 叠加模式

5. 椭圆排列卷杠骨梁区保持（　）倾斜基面，将卷杠向下卷动，保持用力均匀。

A. 45°　B. 40°　C. 60°　D. 90°

6. 砌砖排列卷杠使用（　）排列方法，头发走向清晰。

A. 三加一　B. 四加一　C. 一加二　D. 二加二

7. 在涂中和剂前，先用毛巾吸去头发上多余的（　）。

A. 药水　B. 水分　C. 养分　D. 精华素

8. 氧化染发剂是含有（　）的染发产品。

A. 氧化剂　B. 氯化钠　C. 氧化钾　D. 氟利昂

9. 永久性氧化染发剂主要成分：含有小的颜色分子，进入（　）后，分子便与头发结合在一起。

A. 皮质层　B. 髓质层　C. 表皮层　D. 深层

10. 染发浅色度数如超过（　），就要先漂浅发色，再做染发。

A. 1°　B. 3°　C. 5°　D. 10°

11. 有白发的头发要先判断白发的分布情况、白发和黑发的比例，以及之前有没有（　）发的经历。

A. 染黄　B. 染红　C. 染白　D. 染黑

12. 顾客原来已经染过头发，需要（　）时，要拿出一束顾客原来染过的头发和色板对比，找出相应的色号。

A. 重染　B. 补色　C. 修复　D. 染黑

13. 红色+蓝色=（　　）。

A. 红色　　B. 黄色　　C. 紫色　　D. 绿色

14. 补色时发尾不需要重新调配颜色，只需将原有的剩余染膏加（　　）调配。

A. 染膏　　B. 双氧乳　　C. 水　　D. 基色

测试题答案

一、判断题

1. ×　2. √　3. ×　4. √　5. √　6. √　7. ×
8. ×　9. √　10. ×　11. √　12. √　13. √　14. ×

二、单项选择题

1. A　2. B　3. A　4. B　5. A　6. C　7. B
8. A　9. A　10. C　11. D　12. B　13. C　14. C

第 7 章　剃须修面

第 1 节　工具消毒

学习单元1　剃须修面工具和用具的消毒

学习目标

● 掌握剃须修面工具的消毒方法及消毒知识

知识要求

一、剃须修面工具及用具的消毒要求

1. 剃须修面工具的认识

剃刀是美发师们所用的一种最为锐利和最易变钝的修面工具。共有3种不同形式的剃刀。

（1）固定式刀刃剃刀（见图7—1）。固定式刀刃剃刀是由钢质的一个刀身和一个刀柄构成，由一个刀轴把它们连在一起。刀柄是由硬橡皮、塑胶或骨做成。共9个部分，即：刀头、刀背、刀肩、刀根、刀杆、刀尖、刀身、刀轴和刀柄。

图7—1　固定式刀刃剃刀

（2）换刃式剃刀（见图7—2）。最新的发明之一是一种装有可取出刀片的美发店用剃刀。这种形式的剃刀在外表上和使用上跟传统剃刀一样。不过当剃刀的刀身已不再能磨锐利的时候，就可以把可取出的刀片部分抛弃，另换上一个新的刀片。

这种刀片可分为直角刀锋、圆形刀锋或一段圆形而另一段成直角的刀锋等数种。可连同护罩一起使用，也可不加护罩。

许多美发师都喜欢这种新型的剃刀，因为这种剃刀可以免用磨刀石，节省了时间。另外，也有许多美发师认为这种形式的剃刀削弱了技能的要素，他们宁可使用标准型剃刀。

图7—2　换刃式剃刀

（3）电动剃须刀（见图7—3）。电动剃须刀在美发厅内的地位尚待建立。电动剃须刀操作容易，不需要太高的技术，但是它不像固定式刀刃剃刀那样会把胡须剃得很干净，所以仅在顾客吩咐使用电动剃须刀时，方予使用。

另外，一把剃刀的平衡是指刀身跟刀柄对比的相关重量和长度。

当一把直式剃刀的刀身重量和刀柄重量相等时，这把直式剃刀就是适当的平衡的。所谓适当的平衡，意指用这把剃刀修面时容易操作且不费力。

判定一把剃刀是否平衡的方法是把刀身拉出，把刀轴放在食指上，如果这把剃刀是不平衡的，那么剃刀的刀头会向上或下倾。

图7—3　电动剃须刀

2. 剃须修面工具及用具消毒的方法

（1）红外线消毒。红外线消毒箱，温度>120℃，消毒时间30 min，主要用于剃刀、推剪等金属制品。

（2）蒸汽、煮沸消毒。煮沸15～30 min，主要用于毛巾、围布、棉制品的消毒。

二、消毒用品的知识

1. 氯制剂消毒

使用有效氯含量500 mL/L的溶液，作用30～60 min，主要用于非金属类不脱色的用品用具浸泡消毒和物体表面喷洒、涂擦消毒。

2. 戊二醛消毒

使用浓度2%戊二醛溶液，作用60 min，主要用于剃刀、推剪等金属用品用具

的浸泡消毒。

3. 新洁尔灭消毒

浓度0.1%的新洁尔灭可用于美容美发操作人员手部消毒和工具、器械浸泡消毒。

4. 乙醇消毒

浓度75%的乙醇可用于美容美发操作人员手部和高频玻璃电极、导入（出）棒等美容器械以及剃刀、推剪等金属用品涂擦消毒。

三、注意事项

1. 消毒液的储存

消毒液一般存放于阴凉干燥处，避免阳光直射。

2. 剃刀的保养

剃刀的优劣主要看刀锋。刀的刀锋内膛薄，钢色发青，用手轻轻一弹会发出清脆的声音。剃刀的刀锋既薄且脆，容易因碰伤而产生缺口，因此使用前应先在刀布表面涂一层蜡，使剃刀润滑，不致伤及刀口，用后要随时将刀折好，把锋口藏在刀窝口。每次使用过后，必须用干燥洁净的纱布擦去刀口上的水渍、皂沫和碎发，以防生锈。每天工作结束后，还要仔细揩擦一次。剃刀要常磨，以保持刀口锋利。

学习单元2　面部皮肤的清洁

学习目标

- 了解面部清洁的工具及使用方法
- 掌握面部清洁的相关知识

知识要求

一、面部皮肤清洁用品

（1）洁面乳或香皂。

（2）毛巾。

二、面部皮肤清洁用品的使用方法

（1）涂抹。

（2）擦拭。

三、清洁皮肤的方法

剃须前，应先用中性肥皂洗净脸部。如果脸上、胡须上留有污物及灰尘，在剃须时，因剃刀对皮肤会产生刺激，或轻微地碰伤皮肤，污物就会引起皮肤感染。

四、软化胡须

洗净脸后，用热毛巾焐胡须，或将软化胡须膏涂于胡须上，使胡须软化。过一会儿再涂上剃须膏或皂液，以利于刀锋对胡须的切割和减轻对皮肤的刺激。

剃须膏是男子剃须的专用品，有泡沫型和非泡沫型两种，有的还可自动发热。剃须膏使用方法比较简单，先用温水将胡须部位拍湿后，再挤少量剃须膏均匀地涂抹在胡须上，待泡沫出现或稍等片刻后，即可开始刮须。

五、注意事项

（1）保证顾客的安全。

（2）清洁时的安全卫生。

学习单元3　研磨剃刀器具

学习目标

- 了解研磨工具知识及使用方法
- 掌握剃刀器具的研磨方法

知识要求

一、研磨剃刀工具

1. *磨刀石*

（1）天然磨刀石。天然磨刀石是由天然岩石沉淀物制成。这种磨刀石通常和清水或肥皂泡沫一起磨砺。

水磨刀石是从岩石层中割出的一种天然磨刀石，通常是由德国进口的。附在水磨刀石上的是一小块同样结构的石板，名为摩擦器。把摩擦器放在被水湿润的磨刀石上研磨时，会形成一个适当的锐面。摩擦器施用于磨刀石上务必要小心，以免在磨刀石上造成一个斜面。

水磨刀石基本上是一种缓慢磨砺型的磨刀石，按照制造厂商的指示操作，可以为剃刀磨出一个光滑而持久的刀锋。这种磨刀石的颜色是灰色或棕色。而在这两种颜色中，棕色水磨刀石被视为品级上略好的一种，并且磨好一把剃刀的时间也略短。

有一种磨刀石是在比利时发现的，是在岩层中分割出来的一种天然磨刀石，它也属于缓慢磨砺型，但磨好一把剃刀的速度比水磨刀石略快。它能磨砺有非常锐利刀锋的剃刀。在磨砺剃刀的时候，通常把肥皂泡沫放在这种磨刀石上，以便利于剃刀的推动。

比利时磨刀石是由一块面上淡黄色的岩石黏附于一个深红色石板的背面。它的主要优点是能为剃刀磨出一个尖锐的刀锋。用这种磨刀石磨剃刀时，湿磨或干磨都可以。

（2）合成磨刀石。诸如史瓦蒂磨刀石和碳化矽磨刀石等合成磨刀石都是人造产品。使用这类磨刀石时，可以干磨，也可以把肥皂泡沫涂在上面。

由于它磨好一把剃刀的时间比水磨石所需时间短，所以合成磨刀石所具的优点是能以较短时间，在剃刀上磨出一个尖锐的刀锋。

碳化矽磨刀石也称金刚砂磨刀石，是在美国制造的一种合成磨刀石。自缓慢磨砺型到快速磨砺型有数种形式可供美发师选择。由于快速磨砺型磨刀石能迅速达成磨锐作用，故许多美发师都喜爱这一类型的磨刀石。初学者不应该使用这种碳化矽磨刀石，因为如果磨的手法不适当可能会磨出一个高低不平的刀锋。

（3）综合磨刀石（见图7—4）。综合磨刀石是由一块水磨刀石和一块合成磨刀石结合而成。合成的一边颜色呈深黄色，被用来先磨好一个良好的刀锋，再要使剃刀获得一个修饰的刀锋时，则把剃刀放在水磨刀石的一边轻磨。美发师有了这种磨刀石，可以在剃刀变钝时利用合成磨刀石，或是同时利用两种磨刀石，仅在需要时把它翻过一面就可以了。

图7—4　综合磨刀石

2. 趟刀布（革砥）

（1）帆布趟刀布（见图7—5）。帆布趟刀布是由织成细密或粗糙的亚麻布或绸布做成。一条细密结构的亚麻趟刀布是最优良的，能使一把剃刀有一个持久的刀锋。

一条新趟刀布启用时的打磨工作必须做得非常彻底。天天用手磨光将使它的表面光滑，使它随时准备好从事磨砺剃刀的工作。

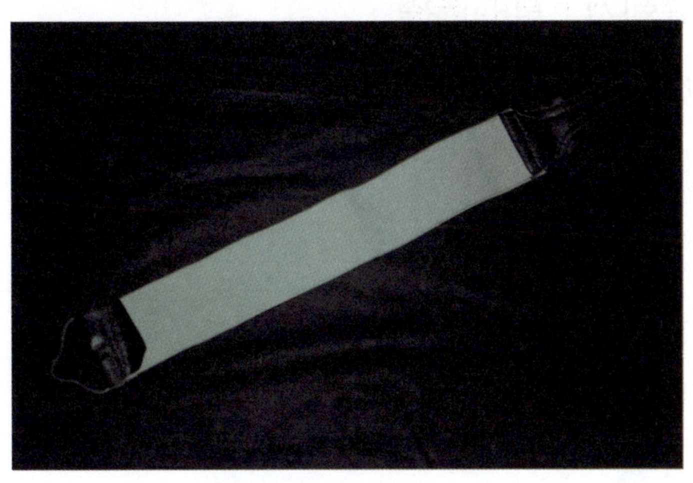

图7—5　帆布趟刀布

（2）牛皮趟刀布。牛皮趟刀布最初是从俄罗斯进口，直到今日它仍有“俄国革砥”之称，虽然这种趟刀布已经能够在美国制造。这个名称通常是指这种趟刀布是由牛皮制成，并且是利用俄罗斯的削皮方法制成。

牛皮趟刀布或俄国趟刀布是今日所用的最佳趟刀布之一。如果是一条新的牛皮趟刀布，它必须天天经过用手磨光的程序，直到彻底完成了启用时的打磨工作。

（3）马皮趟刀布。马皮趟刀布是由马的皮做成，可分两大类：普通的马皮趟刀布和马臀趟刀布。一条普通的马皮趟刀布有着一种细密的纹路，是属于中等的趟刀布。它极容易太光滑，在这种情形下就不能迅速地为剃刀磨出一个适当的刀锋。因此，这种趟刀布不推荐给美发师使用。但是，这种趟刀布适宜私人应用。

另一种类型的马皮趟刀布称为马臀趟刀布，是由从马的臀部取下的皮革制成，这是一种高品质的趟刀布。虽然价格相当高，仍是供美发师所用最好的趟刀布之一。它经常保持光滑，所以很少需要再加打磨工作。

（4）人造趟刀布。人造趟刀布尚未表现出令人满意的成绩。鉴于已有种种高品质的趟刀布可供选购，所以避免使用人造趟刀布是明智的举动。

二、研磨剃刀工具的选择

1. 磨刀石的选择

一块好的磨石对研磨的效果起着关键性的作用。在选择磨石时，一是要看磨石是否平整；二是看它的硬度，可以用坚硬的铁针在刀石的背面划一下，来检查其硬度；第三要了解磨石分子的细腻程度，磨石的“泥”分子要小、要细，这样对刀刃的损伤小并易“起口”。好的磨石在轻轻击打的时候会产生很清脆的声音，而且它的颜色也很纯正。水磨石购买后要在夹带的水泥底上进行加工，目的是使其夹带，然后要放在有一定湿度的环境下保存。磨石切忌放在水里过度浸泡。

在一般的美发厅中，磨石可大体分为两种：一种是水磨石，另一种是油磨石。水磨石俗称羊干石，油磨石俗称油石。磨石要求质地细腻、平整、光洁。一块好的磨石，应坚韧而柔软，易产生泥浆，易起口（刀锋），细腻，不损伤刀口。油磨石宜用油纸或油布包裹保存。

2. 研磨的区别

水磨石与油磨石研磨的区别在于：水磨石用水做湿润剂，油磨石以油做湿润剂。水磨石在研磨之前，应用另一块水磨石加上水，二者相互摩擦产生一定的泥浆，然后再开始进行研磨。油磨石研磨的方法与水磨石基本相同，只是用生发油机油做湿润剂来进行研磨。

三、研磨剃刀工具的使用方法

1. 磨刀石

磨刀石的准备：剃刀和磨刀石应放置于室温下。磨刀石可用水或肥皂泡沫加以湿润，也可以干磨，依使用的磨刀石而定。磨剃刀的时候，必须把磨刀石放得极平。磨刀石所占的空间应该有充分余地，以使磨刀的手臂行动时不受任

何阻碍。

2. 趟刀布

用左手拉紧趟刀布的末端使它不会发生中间下坠的情形。把趟刀布举到最舒服的高度。右手执剃刀，持在手的上部。执剃刀的操作是把食指放在刀杆上，中指放在刀柄上，拇指则居于这两个部位中间，而且食指也同时靠在趟刀布的边上，进行来回挡刀。

四、研磨剃刀的技术

1. 磨刀石技术

（1）研磨时的姿势与剃刀的持法

1）研磨时的姿势。目前的磨剃刀方法中，台磨技术应用较为普遍。台磨是将磨刀石放在台面边缘处，采用站式或坐式均可。磨刀时上身保持直立并略向前倾斜，两肘成一定的角度，手腕自然地摆动。

2）剃刀的持法

①顺口刀磨法。刀口向里，右手拇指和其余四指捏住剃刀柄，掌心向下，掌背朝上；左手用拇指和食指揿住刀刃的上部，拇指在上，食指在刀背左上角边缘。

②剃刀翻身后刀的持法。刀口向外，右手拇指放在刀身后部的上面，其余四指捏住刀柄外面，掌心向内，掌背向外；左手食指揿住刀刃头的左下角部分，拇指放在刀背上。

（2）磨剃刀的方法

1）顺口刀磨法。先将磨刀石放平稳，均匀地洒上清水（或油），使石面湿润（也有用两块磨刀石互相摩擦，在石面上产生泥浆），将剃刀刀口向里，刀面平贴在刀石上，做自右向左的螺旋形转动。磨时刀刃要与磨刀石接触，经过6～7次旋转之后，将剃刀在石面上平行地向前推动到磨刀石的外端边，随后刀背在磨刀石上做180° 的翻动，使刀口向外，再做自左向右的螺旋形转动。若干次后，将剃刀平行地拉回至磨刀石的里端，再做180° 翻转，使刀口向

里，做自右向左的螺旋形转动，这样反复多次，直至剃刀锋利为止。

2）逆口刀磨法。这种方法的要求较高，操作较为困难，刀的持法如前，刀口朝外，从靠近身边的一端开始，自左向右做螺旋形转动。若干次后，再直接推至刀口的外端，然后刀背在磨刀石面上做180° 翻转，使刀口朝内、刀背向外，再做顺螺旋形转动。然后，将刀面拉向靠近身体的一端，翻身后再继续做反复磨动，其磨法与上述的顺口磨法相反。这种磨刀法的优点是速度较快。

3）收刀法。剃刀磨至一定的程度就要进行收刀。收法由向前推与向后拉的动作组成。剃刀呈直线运动。对于顺磨刀法，向前推时刀口朝内，向后拉时刀口朝外；而逆磨收刀时，刀口方向则相反。

（3）磨剃刀的技巧

1）掌握轻重。轻重均匀，越磨越轻，这是磨刀真功夫的体现。开始时重一些，目的是加快速度；轻重一致，平均用力，可以避免剃刀两侧斜角不均匀现象发生，否则会增加剃刀刀口对皮肤的刺激；越磨越轻，是为了防止刀刃卷口。

2）刀刃口两面平均磨到。磨剃刀时必须注意原来剃刀的两面都有锋口，防止形成阴阳面。当然技巧再好也不能完全避免阴阳面，这就必须要两面平均磨到，并注意到剃刀原来的锋利情况。另外，磨时应掌握不同部位，或前或后略略翘起着刀，以达到刀面全面锋利。

3）收刀时掌握力度、到位。收刀时刀面已经锋利的部分，应该轻一些，不够锋利的地方重一点，但必须将全部刀刃都推、拉到位，才能达到收刀的要求。

2. 趟刀布挡刀

左手要拉紧革砥的末端使其不会发生中间下垂的情况。挡刀时注意速度要均匀，力度要适当。

五、注意事项

1. 操作时的安全

磨剃刀时要注意自身的安全，尤其是试刀。

2. 研磨剃刀质量检测

（1）没有卷口。刀刃有卷口说明不锋利，所以首先必须检查有无卷口。有卷口的剃刀不仅切不断毛发，而且还会打滑。

（2）刀刃锐利。用头发在刀刃上试切，若头发一碰就断裂，说明已达到锋利程度。在检验是否达到质量标准时，有经验的老师傅一般是用剃刀的全部搭口在右手大拇指的指肚上轻轻拉动，如果有不顺畅的感觉，并有轻微的沙啦沙啦声，说明还有卷口，则需要用慢磨的方法磨平。然后，将剃刀的全部搭口在右手大拇指的指肚上轻轻按动，如果全部搭口微微粘在手指的表皮上，并有发毛的感觉，且有很轻微的嗞嗞声，说明刀刃锋利，如果只有一种光滑的感觉，说明刀刃不锋利。

第 2 节　剃　　须

学习单元1　绷紧皮肤的方法

学习目标

- 了解绷紧皮肤的作用
- 了解张、捏、拉法的概念
- 掌握张、拉、捏等手法的运用

知识要求

一、绷紧皮肤的作用

皮肤是人体表面包在肌肉外面的组织，是人体具有保护作用的覆盖层。皮肤是环境与人体的分界线，把人体与周围的环境分开。皮肤表面不断受到磨损，同时不断地由里到外更新。皮肤具有弹性，能随着皮下肌肉的运动而伸展。在阳光的暴晒下以及随着年龄的增长都可能使皮肤的弹性衰退，使皮肤起皱。

二、“张”“捏”“拉”法的概念

1. “张”的方法

“张”就是用中指与拇指贴着皮肤，使两指间的皮肤紧绷，剃刀即在紧绷的部分修剃，这是应用最广的一种手法。在运用时有较大的灵活性，但两指张开的横、直、斜的角度，张开的宽、狭幅度和贴在皮肤上用力的轻、重程度等，都要跟剃刀的要求相适应。

2. “拉”的方法

“拉”是用2～4根手指向外拉紧皮肤，以便剃刀修剃，这种方法最适合用于修剃下颌部位的胡须。

3. “捏”的方法

“捏”是用拇指、中指夹住一块皮肤连同肌肉一起捏住，使被捏部分皮肤鼓起，拿剃刀轻剃。这种刀法常用于唇四周部分，例如鼻下的人中，因为大多数人的人中都是凹在里面的，把它捏得鼓起来剃刀就容易操作了。

三、刀法的配合

1. 反手刀

反手刀基本上是用“张”的方法配合，但手指只能集中在一边用力，有时着重在拇指一边，有时也可将其余四指并拢，力量集中在手指并拢的一边，剃刀向被绷紧的反方向修剃。

2. 正手刀与推刀

正手刀与推刀基本上用“张”的方法配合，使用拇指与中指夹着皮肤，两指平均用力或是集中在一边用力，用两指将皮肤绷紧，剃刀在手指张开的部位之间或向被绷紧的相对方向修剃。

3. 削刀

削刀常用“拉”的方法配合，食指、中指在一边，拇指在另一边，夹住部分

皮肤，拇指隔着皮肤顶住食指与中指缝间，向上提拉，剃刀可以对着被夹起的皮肤或手指下端被拉紧的皮肤进行修剃。

四、张、拉、捏等手法的运用

1. “张”法

把左手的食指搭在中指上，利用中指和拇指的扩张力，点住皮肤的两端，将皮肤绷紧，如图7—6所示。

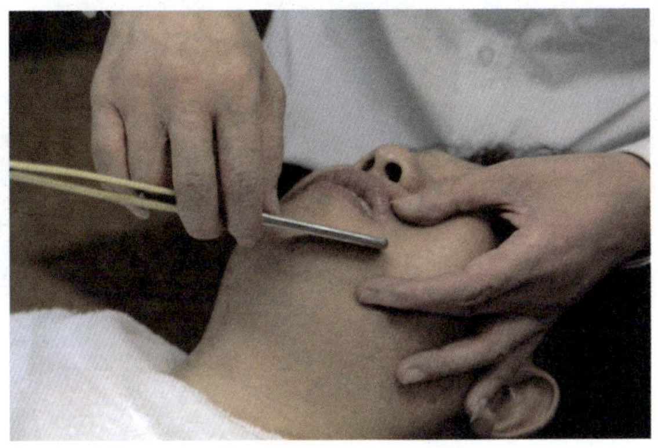

图7—6　“张”法的运用

2. “拉”法

用左手2～4根手指，按住部分松弛的皮肤向修剃方向移动，将皮肤绷紧，如图7—7所示。

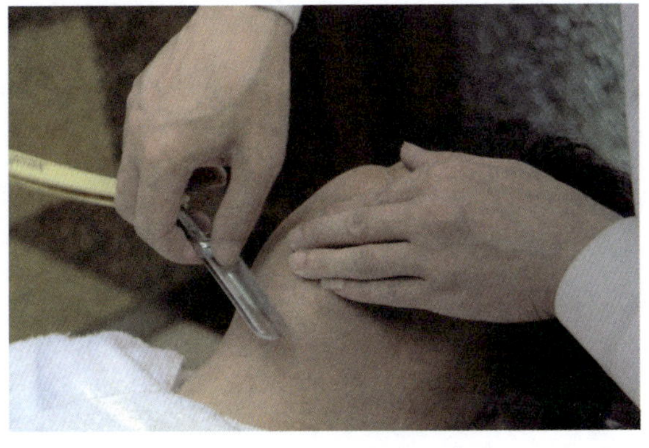

图7—7　“拉”法的运用

3. “捏”法

用左手拇指和食指捏起皮肤，被捏处的皮肤从两指之间鼓起，然后可利用手指的移动进行细微调整，如图7—8所示。

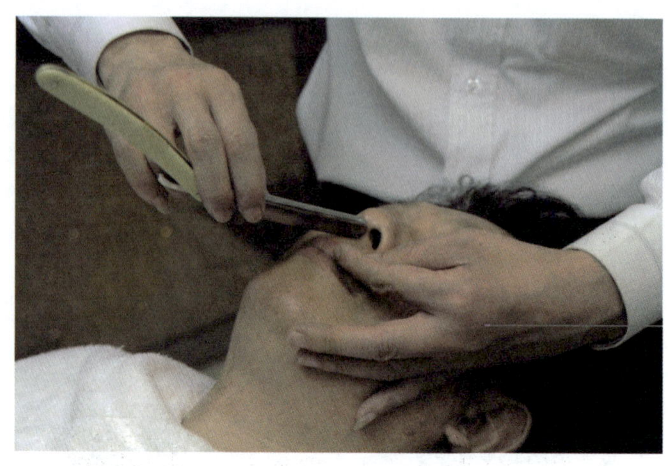

图7—8 “捏”法的运用

4. 注意事项

（1）“张、拉、捏”法与剃刀的配合。不同的刀法应该用相应的绷紧动作相配合。长时间以来，它们已形成了较固定的标准。但在实际操作时并没有硬性的规定，应该根据实际情况灵活运用。

（2）“张、拉、捏”法运用的不同部位。“绷紧”也应配合其他方法。如对某些特殊部位做“拉”“张”的动作，手指施展不开时，可使用绷紧方法。绷紧方法要根据具体部位做相应的调整。一般嘴唇边缘和上眼睑部位，下颌的下部大都采用“捏”的方法，以拇指和食指捏住需要修剃的皮肤，使其鼓起，再用剃刀剃。在剃耳部时，可用拇指与食指把耳垂向下拉，必要时也可以用食指和中指，配合大拇指和无名指做捏、拉动作，以剃得更加干净。总之，要根据不同情况，从实际出发，灵活掌握。

学习单元2　刀法的选择

学习目标

- 了解各种刀法的特点
- 掌握不同刀法的运用
- 掌握根据脸部生理特征选用不同刀法
- 掌握长短刀法的使用及运用范围

知识要求

一、根据脸部生理特征选用不同刀法

中国是一个多民族的国家，由于自然环境、民族、遗传以及生活习俗的不同，人的脸部特征千差万别。修剃刀法的选择主要取决于顾客的体态。肥胖人的脸部比较丰满，脸颊部凹凸相对就少，给修剃带来方便，因此，正手刀、反手刀、推刀均可使用。体态很瘦的人，给人一种皮包骨头的感觉，脸颊部凹凸十分明显，例如，额骨前倾，眉骨凸出，眼眶凸出，眼球凹陷，颧骨凸出，下颌骨显露，颞骨凹陷等，因此给剃须、修面带来诸多不便。作为一名有经验、有技能的美发师，必须根据实际情况来使用各种刀法。首先，应使用短刀——刀路要短，而不适宜用长刀；其次，要使用多种刀法，并配合多种绷紧动作来协助修剃。例如，颈部以削刀为主，用拉、捏的方法来修剃；额部用正手刀和短刀来修剃；脸颊部多数用短刀和正手刀来处理，同时要不断变换站立位置，以利修剃。

二、长短刀法的使用及运用范围

1. 长、短刀法的概念

一般长刀的运行距离为7～10 cm，即每一刀从落刀到收刀的间距在7～10 cm范围内，这是由每个人手腕摆动的幅度决定的。手形和体形较小的人，一般在5～7 cm；手形大、体形粗壮的人，一般在7～12 cm。短刀摆动的幅度稍小一点，

刀的运行线路稍短一点，一般在3～5 cm，当然，也有在1～2 cm或更短的刀路。

2. 长、短刀法的使用

对体态较胖的人，多采用长刀法；对体瘦的人，多采用短刀法。剃须时，多用短刀法；修面时，多用长刀法。胡须浓密粗硬时，多用短刀法；胡须稀少细软时，多用长刀法。总之，长、短刀法的使用主要依据顾客脸部特征，如脸部凹凸与平坦，胡须多与少、粗与细、硬与软等诸多因素来确定，不能千篇一律。要根据具体情况及个人技能来决定使用长、短刀法的具体部位。

三、各种刀法的特点

1. 正手刀

正手刀是剃须修面中使用最多的手法。

2. 反手刀

反手刀是在正手刀运用不方便的部位进行操作，如左鬓角以及右下颌处。

3. 推刀

推刀主要是改变刀口的方向，在正手刀和反手刀剃过后而没有剃干净的部位进行重复刮剃时使用。

4. 削刀

削刀在使用中并不普遍，仅在修剃下颌部及唇角部位处才使用。

5. 滚刀

滚刀运用并不广泛，仅在修剃上眼睑及耳窝处使用，初学者不宜使用。

四、手腕的练习技巧

1. 上肢操作姿势

将两臂抬起，与肩相平，两肘向胸前弯曲75°角，呈弧形，肌肉放松，呼吸均匀。

2. 手腕练习

手腕练习的核心是摇腕，练习姿势是：两臂抬起，右手掌心向下，手背与手腕在一个平面上，右手拇指张开，其余四指自然弯曲，左手张开呈“八”字形，中指搭在食指上，其余两指自然伸直，拇指与食指的距离扩大到最大限度，练习时两臂与左手不动，右手手腕在平面上做左右摇摆运动。

五、各种刀法的运用技巧

1. 正手刀

刀锋向下并略向内偏斜，呈25° ～45° 角。操作时，手指与肘部不动，运用手腕做自外向内运动（刀口应对着美发师所站立的方向），顺着毛发流向的运动称为顺剃，逆着毛发流向的运动称为逆剃，如图7—9所示。

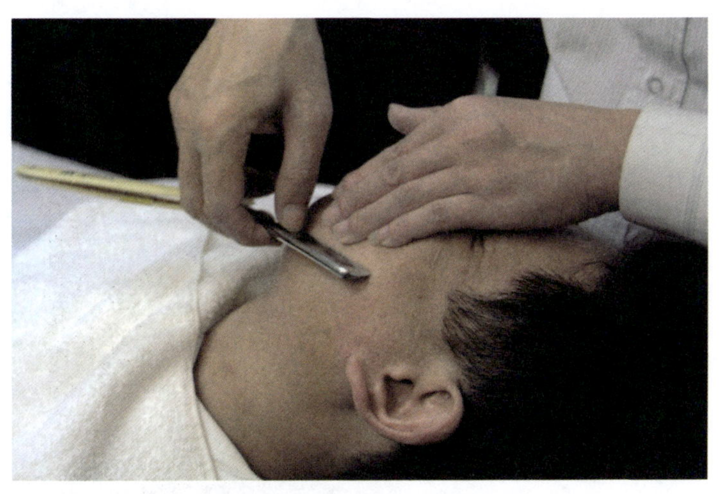

图7—9　正手刀的运用

2. 反手刀

先按正手刀姿势握刀，再将手腕向内转，使手心略向内翻，刀口向外、向下偏斜，运用手腕做自内向外运动，如图7—10所示。

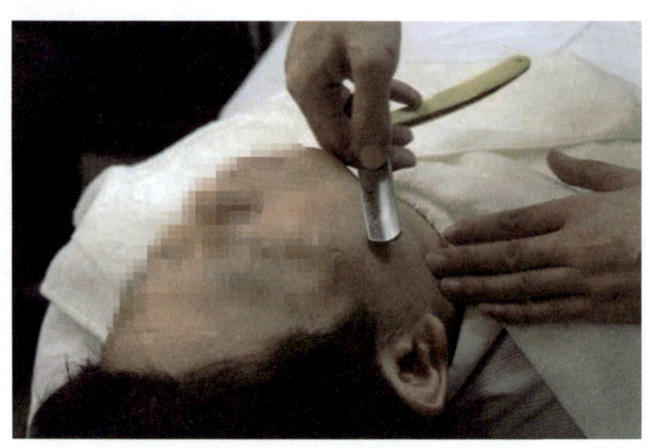

图7—10　反手刀的运用

3. 推刀

先按正手刀姿势握刀，不要转动刀身，将手腕自内向外翻转，使手心向前，刀口向外、向下偏斜，运用手腕做自内向外运动，如图7—11所示。

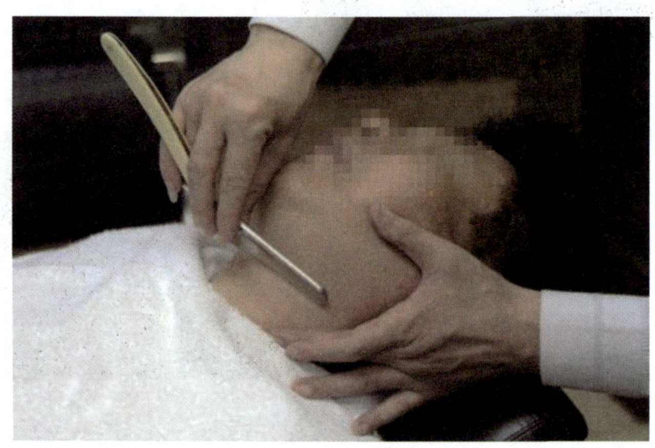

图7—11　推刀的运用

4. 削刀

持刀姿势略像握笔，用拇指、食指和中指捏住刀身，使刀尖向下、刀口向内，运用手腕和手指轻轻振动来修剃胡须，如图7—12所示。

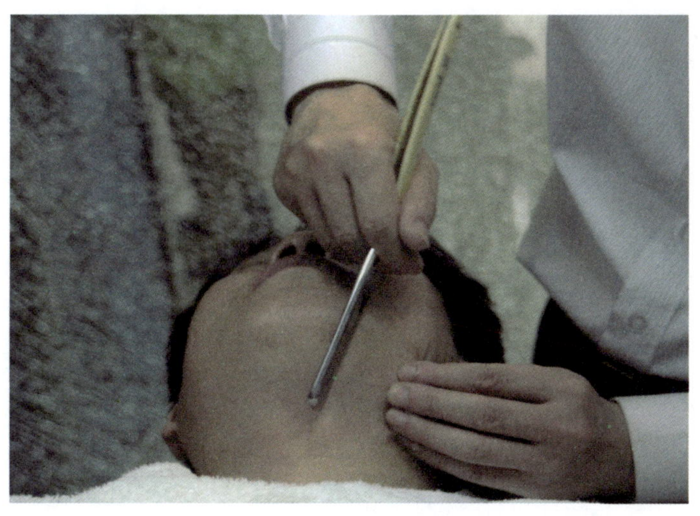

图7—12　削刀的运用

5. 滚刀

先按正手刀姿势握刀，然后转动手腕，将掌心向内略向上翻，刀口由外向内。操作时，依靠拇指转动刀身，使刀身滚动，如图7—13所示。

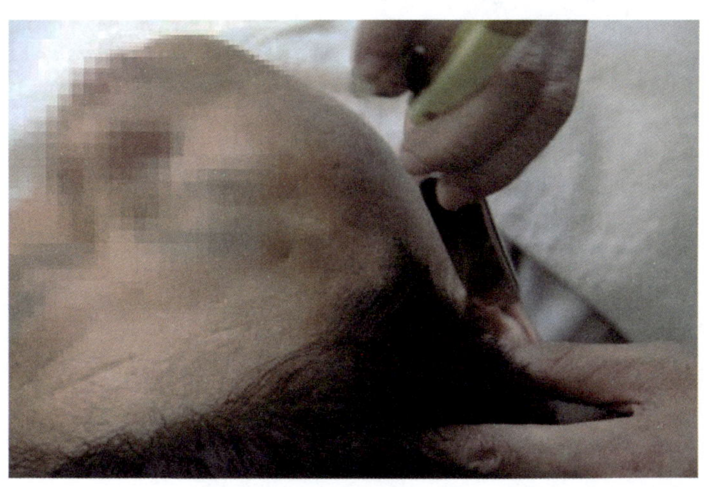

图7—13　滚刀的运用

六、剃须修面的程序

剃须修面的程序包括：（1）涂抹剃须泡沫；（2）焐热毛巾；（3）更换剃须刀片；（4）再次涂抹剃须泡沫；（5）剃须操作；（6）用毛巾擦拭；（7）修面操作；（8）毛巾擦拭；（9）面部按摩。

七、“七十二刀半”的运刀顺序

剃刀既可修面又可削发，用剃刀修面是我国美发行业的传统技艺。通过长时间的技术调整，前辈人总结了一套完整的操作程序、精湛的操作技巧，并运用多种持刀方法修剃整个面部的细毛，得到了大多数顾客的认同。因这种修面的操作程序在整个运刀过程中，最少不得少于七十二刀半，所以统称为“七十二刀半”。

“七十二刀半”的先后次序大体是：从左额角起刀（可以称为落刀），持正手刀从左额修到右额角，包括修剃眉毛左右上眼睑皮约20刀，具体操作顺序为：额部自左至右，运刀从上而下7刀，左眉（眉头、眉弓、眉梢）3刀，右眉（眉头、眉弓、眉梢）3刀，眉中1刀，右上眼睑3刀，左上眼睑3刀；修左面颊，共14刀，操作顺序为：左鬓角3刀，眼部3刀，左下颌3刀，左颈部5刀；左鼻颊3刀，左鼻翼3刀，左耳轮耳垂6刀，共12刀；然后修右脸颊用14刀，具体方法同左脸颊的操作；右鼻颊、鼻翼、耳轮和耳垂，共12刀；最后以半刀的操作方法在鼻梁上，自上而下至鼻尖收刀，整个操作程序共用七十二刀半。

“七十二刀半”的修面技艺为修面提供了质量保证。

八、注意事项

（1）剃须时的运刀角度。

当剃刀锋刃接触皮肤时，刀背应侧过来，不能竖立着。因为这样的角度，刀锋是倾斜着从毛发侧面近乎横着切进去的，切断力强，且不易刮破皮肤。对于胡须较粗硬、毛发强韧的，则刀锋的倾斜角度可以稍大一些，一般在25°～45°，接近于斜切。

（2）剃须时的力度应适中。

（3）要先注意脸部皮肤有无疮、疤痕，以及有没有皮肤疾病和瘤子。

（4）要看顾客有没有留须的爱好，特别是留痣毛的爱好。

（5）要了解顾客口腔里是否有假牙（特别是满口假牙）。

（6）注意毛巾的温度不宜过高，避免烫伤。

（7）对年老体弱的人要注意椅子不宜放得太低，以免引起顾客不适。

（8）焐毛巾时不要盖住顾客的鼻孔或弄湿顾客的衣领。

（9）了解刀具是否有尖角、缺损，是否锋利。

（10）观察皮肤状况。

学习单元3　修剃络腮胡等特殊胡须

学习目标

- 了解不同胡须的特点
- 掌握络腮胡等特殊胡须的修剃方法

知识要求

一、不同胡须的特点

人的胡须由于生理条件的不同而有差异，特殊胡须包括：浓密粗硬型、螺旋型、鸡皮肤型、黄褐色胡须、瘦人胡须等。

1. 浓密粗硬型胡须的特点

浓密胡须一般很粗硬，而且多数是络腮胡须。

2. 螺旋型胡须的特点

胡须生长的流向呈螺旋状。

3. 鸡皮肤型胡须的特点

皮肤上生有密密的小疙瘩。

4. 黄褐色胡须的特点

胡须质地特别坚韧。

5. 瘦人胡须的特点

顾客的脸部特别消瘦。

二、不同胡须的处理方法

1. 不同胡须的软化方法

（1）蒸汽喷雾剃须。用离子喷雾器替代热毛巾，使胡须始终保持湿润软化的状态，皮肤的毛孔始终处于扩张的状态。

美发师将离子喷雾器喷出的雾状蒸汽对准顾客的胡须部位及面颊部，蒸5 min左右，涂上剃须膏或剃须泡沫，在离子喷雾器的作用下剃须。这种剃须方法，对冬季和络腮胡须的修剃十分有效。

（2）凡士林代替剃须膏剃须。用热毛巾焐好胡须以后，用凡士林作为剃须膏涂抹在胡须部位及面颊进行剃须。这种剃须方法有两个关键的问题：首先是要有娴熟的刀功，其次是左手的绷紧动作要配合得恰到好处。凡士林是油性物质，它可以滋润皮肤，使皮肤处在一定的油脂环境下，不会干燥。在修剃时，它不会使皮肤受损；另外，它能填补毛孔的空隙，使皮肤不会受到刺激。使用这种方法，顾客会感到十分舒适、滋润。

2. 不同胡须的修剃方法

（1）络腮胡须的修剃方法。对长有络腮胡子的顾客，若体态偏瘦且胡须呈黄褐色者，一定要选择非常锋利的刀具，而且要使用短刀，刀的运动线路要有一定的斜切线，这样才能顺利地切断胡须。若顾客体形较肥胖，胡须色黑而粗，这样的胡子质脆、容易切断，在剃修操作时按照次序修剃即可。

（2）浓密粗硬型胡须的修剃方法。浓密胡须一般都很粗硬，而且多数是络腮胡须，故在修剃前焐毛巾的时间要长，要焐透，必要时可用热毛巾再焐一次，直至皮肤呈红色。抹的皂沫要浓，可以多涂一次，这样胡须才能软化，易于剃净。否则，胡须焐不软，皂沫刷不透，剃须时，皮肤易出血珠（也称为珠砂），达不到修剃效果。

修剔浓密粗硬型胡须的操作顺序与一般剃须的操作基本相同，但运用的刀法要短。一般多采用弧形刀法，因为这种刀法的切断面宽。如用长方形刀法，则难以切断，因为锋刃与皮肤接触所受的阻力大，所以必须适当缩小切断面，避免重复，以免刮剃过多导致脸部疼痛、出血珠。

浓密粗硬型胡须采用的刀法是短刀斜剃（一般正手刀或反手刀在修刮时都呈弧形状，而短刀斜剃在修刮时锋刃呈斜形斜切，幅度小，切一刀再向前斜切），这样可缩小切断面，易于切断胡须根部。修剃时，手腕要灵活，落手要轻，否则即使采用这种手法，也会令顾客感到疼痛。

在修剃时，绷紧的方法与刀法必须配合得恰到好处，在剃第一刀时，不能用两根手指平均用力绷紧，因为胡须多而粗硬，若两指平均用力，不仅不易绷紧，而且剃刀的锋刃刮上去便会跳起来，甚至会刮出血珠。因此，必须以拇指用力绷紧，待开刀之后，再用中指与食指配合。

（3）螺旋型胡须的修剃方法。操作前首先要先确认胡须螺旋的部位以及螺旋的方向，做到心中有数。其次，皂沫必须涂得浓，热毛巾要焐得透。操作方法基本上与浓密粗硬型胡须相同，但第二次逆剃时，最好采用横剃，因为这种胡须逆剃易出事故。同时，还必须依照螺旋的方向刮剃，绷紧的长度要短，要顺着胡须生长方向用刀，锋刃的倾斜度宜小不宜大。

（4）鸡皮肤型胡须的修剃方法。这类胡须的特点是在皮肤上有密密的小疙瘩，通常是由于经常的逆剃或顾客自己拔胡须所导致。修剃时应注意：

1）涂皂沫时，涂刷的力度要比一般胡须用力重一点，这样可使毛孔内的脏物排出，并且使疙瘩的凹进处浸透皂沫，使其易软化。焐热毛巾的时间也应比浓密粗硬型胡须长一些，以使须根软化。

2）修剃时，落手应特别轻，刀锋倾斜角度在35°～40°。如果角度太大，则不易切断。在拉长的拇指和中指中间用刀要均匀，如不均匀，则须根会倒向一边，不易剃净。

（5）黄褐色胡须的修剃方法。黄褐色胡须的特点是质地特别坚韧，修剃时比较困难，尤其是下颌骨和上嘴唇部分最难处理。修剃时应注意：

1）涂的皂沫必须要浓，热毛巾要焐得透，便于切断胡须根部。锋刃倾斜角

度在25°～45°。刀面不宜拉得太长。

2）持刀的角度应视部位的不同而变化。顺剃至下颌部位时，刀口要站起来一些，锋刃与皮肤的接触角度要小。因为刮剃这一部位时，手腕不易转弯，不利切断胡须根部。

（6）瘦人胡须的修剃方法。在处理瘦人胡须时，关键是绷紧，如左手绷紧配合好了，那么在刀的使用上应以短刀、碎刀为主，绷紧的动作以拎拉、捏拉为主。

三、注意事项

1. 修剃流向

宜顺毛流剃或横剃，不宜逆剃，否则皮肤容易受伤出血，经常使用还易造成鸡皮胡须，而鸡皮胡须容易引起皮肤病。一般地，剃须顺序为先顺，后横，再逆，再顺。

2. 其他部位

在剃人中部位时，因特殊型胡须比较浓密，故只宜顺剃和横剃，不宜逆剃，因为这个部位的皮肤比较嫩，逆剃容易出血，而且两指必须绷紧，否则不易剃净。

学习单元4　修剃后的面部按摩

学习目标

- 了解按摩的手法和作用

知识要求

一、脸部的相关知识

1. 脸部的骨骼（见图7—14）

鳞壮缝
冠状缝
额骨
顶骨
颞线
蝶骨
人字缝
泪囊凹
颞骨
鼻骨
颧弓
眶下孔
枕骨
前鼻棘
乳凸孔
门齿凹
外耳道
乳凸
髁状突
喙突
下颌枝
下颌枝
下颌体
颏隆突
颏孔
眉弓
额骨
眉间
眶上缘
颞线
眼眶
鼻骨
眶下孔
颧骨
上颌骨
犬齿隆起
梨状孔
下颌体
颏孔
颏隆突

颧骨
颧弓
额骨
额结节
颞骨颧突
冠状线
颞线
顶结节
顶骨
矢状缝
人字缝
枕骨

顶骨
矢状缝
顶结节
颞线
人字缝
人字缝
颞骨
枕骨
乳突
上项线
枕外粗隆

下颌切迹
喙突
髁状突
小头
颈
喙突
下颌枝
斜线
咬肌粗隆
下颌角
下颌体下缘
颏隆凸

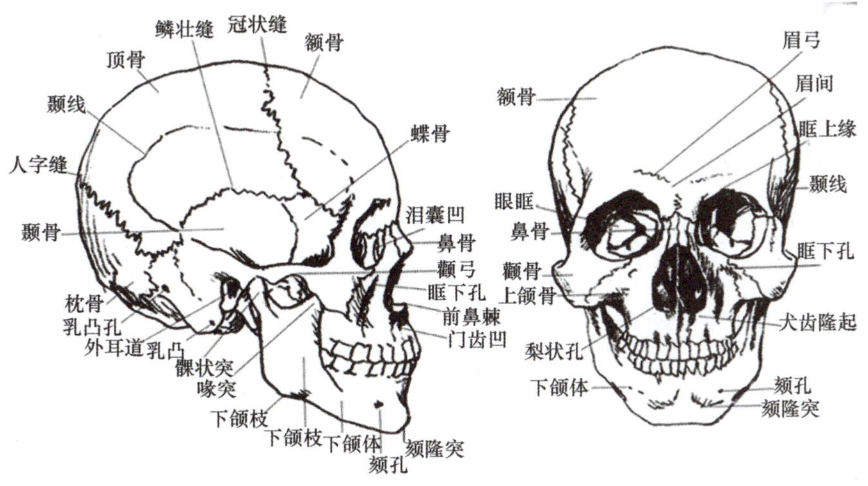

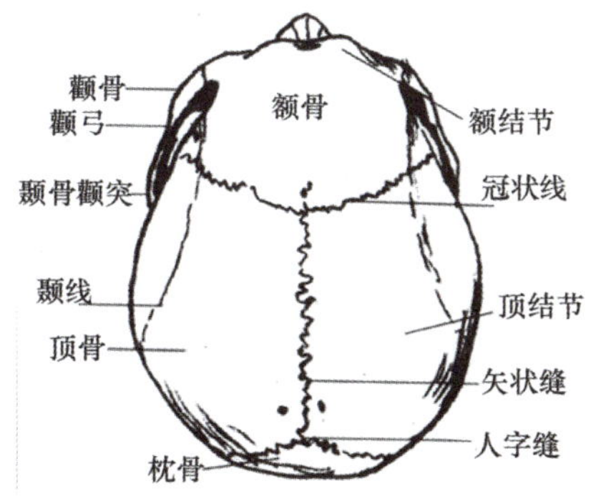

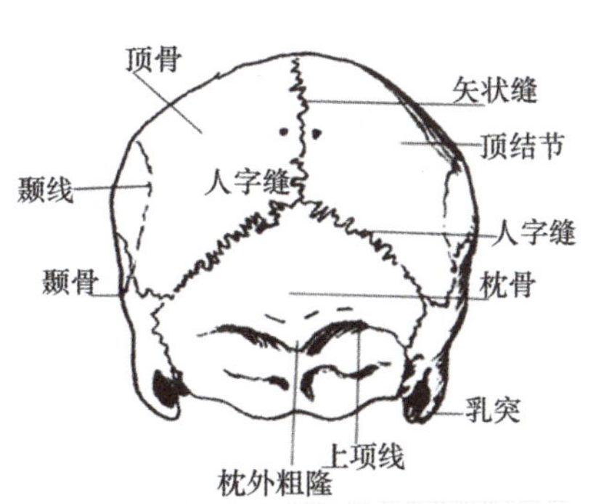

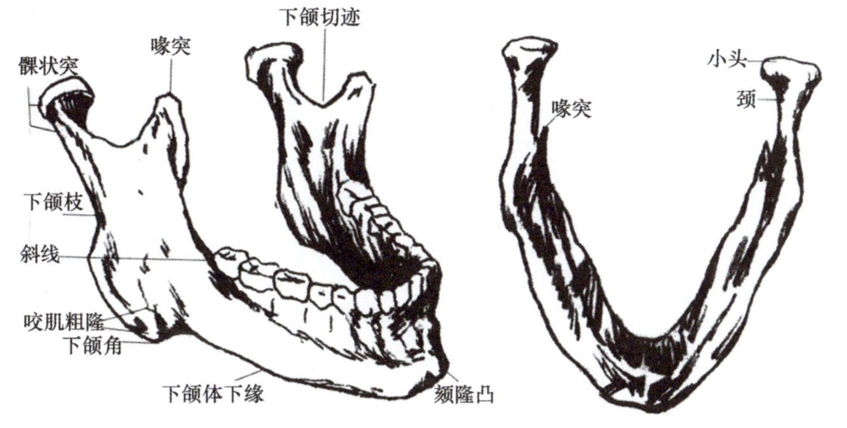

图7—14　脸部的骨骼

2. 脸部的皮肤（见表7—1）

表7—1 脸部皮肤知识

类型	特　征
中性皮肤	油脂、水分分泌均衡，皮肤光滑、幼嫩，没有瑕疵，多见于青春发育期的少女
干性皮肤	皮脂分泌不足且缺水分，毛孔细小，脸部呈现干燥、粗糙、脱皮现象，缺乏光泽，容易出现细纹及色斑，不易脱妆
油性皮肤	皮脂分泌旺盛，肤质较厚，毛孔粗大，皮肤呈油亮感，容易长粉刺，不易出现皱纹，易脱妆
混合型皮肤	“T”字部位油脂分泌旺盛，肤质较厚，毛孔粗大，皮肤呈油亮感，容易长粉刺，且彩妆易脱落。但两颊部位皮脂分泌不足且缺乏水分，肤质细腻，毛孔细小，面颊部位缺乏光泽，容易出现干裂、脱皮现象，容易出现细纹，但彩妆维持持久
敏感型皮肤	肌肤表面粗糙不光滑，肤质较薄，容易发红，毛细血管扩展，容易因季节引发过敏或发痒、干燥等症状

二、面部穴位知识

1. 穴位名称

百会穴、印堂穴、四白穴、承泣穴、瞳子髎、睛明穴、水沟穴（人中穴）、攒竹穴、迎香穴、下关穴、耳门穴、太阳穴。上星穴、神庭穴、眉冲穴、曲差穴、头临泣穴、目窗穴、上关穴、鱼腰穴、丝竹空穴、听会穴、地仓穴等。

2. 面部按摩常用穴位推荐

（1）迎香穴

位置：鼻翼外旁开5 cm，鼻唇沟内。

效果：清热散风，宣通鼻窍，预防感冒。适用于感冒、鼻炎、鼻塞、嗅觉不灵、口眼歪斜等病症。

感觉：局部按压有胀感。鼻子不闻香臭，经按压有“通气”感。

（2）太阳穴

位置：眉梢与外眼角之间，向后移1寸凹陷处。

效果：醒脑明目，祛风镇痛，清堵除烦。适用于头痛头晕、偏头痛、神经衰弱、感冒、视物不清、口眼歪斜等病症。

感觉：局部按压有酸胀感，重按较痛，有时向四周发散。

（3）下关穴

位置：颧弓下缘，下颚切迹之间的凹陷处，闭口取穴。

效果：适用于下颚关节炎、面颊肌肤麻木、口眼歪斜、上牙痛、耳鸣耳聋等病症。

（4）上关穴

位置：位于人体耳前、下关之下，颧弓的上缘凹陷处。

效果：适用于头痛、耳鸣、耳聋、口眼歪斜、面痛、齿痛等病症。

（5）四白穴

位置：位于面部，瞳孔之下，眶下孔凹陷处。

效果：适用于目赤痛痒、眼睑动、口眼歪斜、头痛眩晕等病症。指压该穴道，能提高眼睛机能，对于近视、色盲等眼部疾病很有疗效。

3. 脸部穴位分布（见图7—15）

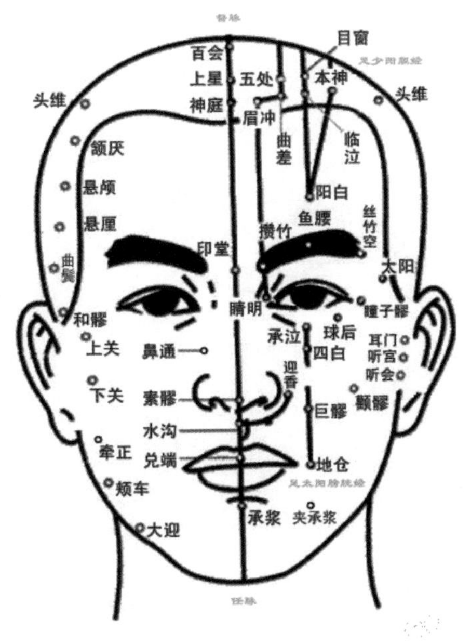

图7—15　脸部穴位分布

三、按摩常用手法

按摩手法在中医医学领域里，其实是中医医生对一些病症采取的一种常用治疗手法。如今按摩手法早已被美容美发行业所采用，不光是美容护肤，连美发也在洗发中采用了按摩手法，深受顾客的欢迎。但要按摩得好，手法到位，穴位拿准却并非那样容易，所以说要掌握按摩首先要了解按摩知识，然后再经过系统的培训学习才能掌握按摩技术。按摩手法很多，下面就介绍几种常用的按摩手法和手势，如图7—16所示。

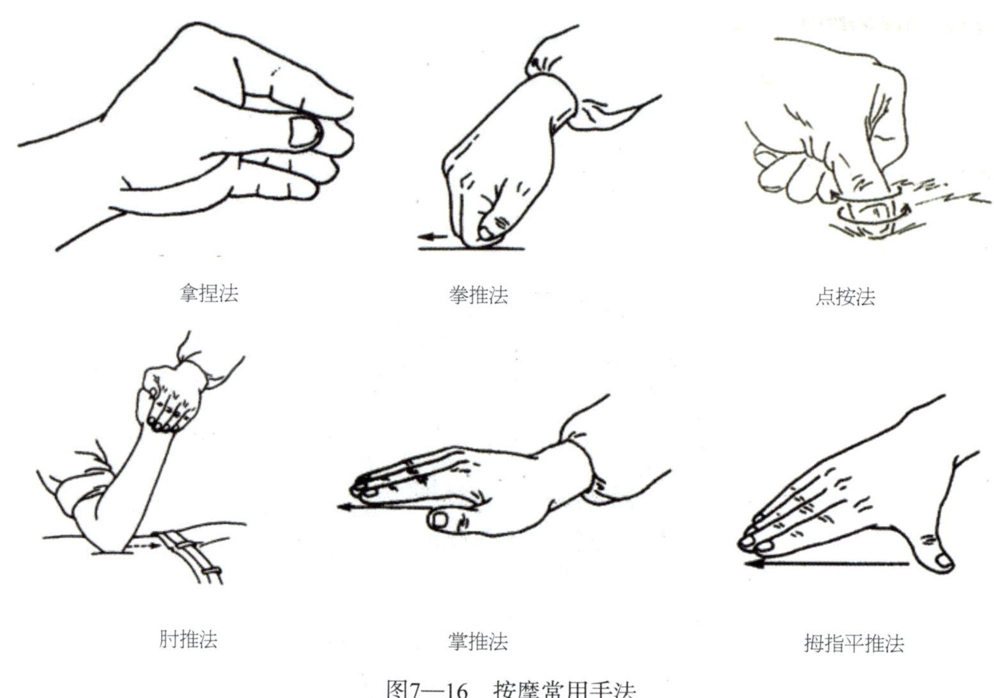

图7—16　按摩常用手法

1. 推法

推法是用指肚、手掌或肘部着力于一定的部位上，进行单方向的直线运动。操作时，指、掌或肘要紧贴体表，用力要稳，速度要缓慢而均匀。做面部按摩时常用指肚的推法进行操作。

2. 拿法

拿法是用大拇指、食指和中指或大拇指和其余四指做相对用力，在一定的部位和穴位上进行有节奏的提、捏。操作时，用力要由轻而重，不要突然用力，动作要缓和而有连贯性。此种手法多用于肩、颈等部位。

3. 按法

按法有指按法和掌按法两种。用拇指端或指腹按压体表称为指按法。用单掌、双掌或双掌重叠按压体表称为掌按法。操作时，用力部位要紧贴体表，不可移动，用力要由轻而重，不可猛力按压。

4. 摩法

摩法有掌摩法和指摩法两种。掌摩法使用掌面附着于一定部位上，以腕关节为中心，连同前臂做节律性的环旋运动。指摩法是用食指、中指和无名指的指面附着于一定部位上，以腕关节为中心连同手掌做节律性的环旋运动。操作时，关节自然展曲，腕部放松，指掌自然伸直，动作要缓和而协调。

5. 捏法

捏法有三指捏和五指捏两种。三指捏使用大拇指与食指、中指夹住肢体，相对用力挤压。五指捏是用大拇指与其余四指夹住肢体，相对用力挤压。在做相对用力挤压动作时，应循序而下，均匀而有节律性。

6. 揉法

揉法分为掌揉和指揉两种。掌揉法是用手掌大鱼际或掌根吸定在一定的部位或穴位上。腕部放松，以肘部为支点，前臂做主动摆动，带动腕部做轻柔缓和的摆动。指揉法是用手指的螺纹面吸定在一定的部位或穴位上。腕部放松，以肘部为支点，前臂做主动摆动，带动腕部和掌指做轻柔缓和的摆动。操作时，用力要轻柔，动作要协调而有节律性。

7. 点法

点法有指点和屈指点两种。指点是用拇指端点压体表。屈指点又分为屈拇指点和屈食指点。屈拇指点是用拇指指间关节挠侧点压体表。屈食指点是用食指近侧指间关节点压体表。这种方法作用面积小，刺激量大。

8. 拍法

用虚掌拍打体表，称为拍法。操作时，手指自然并拢，指关节微屈，平稳而有节奏地拍打按摩部位。

四、按摩操作程序

1. 面部按摩操作程序

（1）分别用双手中指依次点揉面部16个穴位：印堂穴、睛明穴、攒竹穴、鱼腰穴、瞳子髎穴、丝竹空穴、太阳穴、承泣穴、四白穴、颊车穴、上关穴、下关穴、迎香穴、水沟穴、地仓穴、承浆穴。各点揉3遍。

（2）双手中指与无名指并拢，并以指腹分别从眉心沿额头打圈至两侧太阳穴，用中指点按太阳穴。如此反复6遍。

（3）双手中指与无名指并拢，以指腹分别从两侧太阳穴沿下眼眶打圈至鼻两翼，用中指按摩至攒竹穴，单指点揉攒竹穴、鱼腰穴、太阳穴。如此反复6遍。注意眼眶周围按摩力度要小。

（4）以双手中指指腹在鼻两侧做上下按摩，力度要小。

（5）双手中指与无名指并拢，以指腹在面颊按3条路线（从迎香穴到太阳穴，从地仓穴到上关穴，从承浆穴到翳风穴）打圈按摩双颊。每条路线重复3遍。

（6）双手中指与无名指指腹，沿上下唇做按摩。

（7）双手五指并拢，全掌着力，双手分别从对侧耳根部位抹下颌至同侧耳根部位（左手从右耳根沿下颌拉抹至左耳根，右手动作相反）。

（8）双手五指并拢，全掌着力，手横位，交替从锁骨上拉抹至下颌部，按摩颈部。如此反复6遍。

（9）收式（一）

1）双手五指并拢，全掌着力，分别依次覆盖住面颊两侧的3个部位：前额与双颊部，双颊，双颊与下颌。每个部位向下按3次后，向下方移动更换一个部位。

2）左手五指并拢，全掌着力，手横位，托住下颌，向上抚3次；同时右手五指并拢，全掌着力，手横位，按住前额向下压按3次。然后双手动作交换。

（10）收式（二）。双手五指并拢，全掌着力，手横位，交替按抚前额，慢慢滑向双颊，渐渐抬起双手，结束全部按摩动作。

2. 头部按摩操作程序

（1）用双手拇指分别依次按揉神庭穴、上星穴、囟会穴、前顶穴、百会穴、四神聪穴、后顶穴、风府穴、风池穴、哑门穴、翳风穴、通天穴、曲鬓穴等穴位。

（2）双手拇指交替，依次从神庭穴沿发迹正中按摩至哑门穴，然后双手拇指分别沿着与中线平行的曲线向后颈部按摩至风池穴。如此反复5遍。

（3）双手拇指与食指分别从耳尖向下沿耳轮揉搓至耳垂，在耳垂部位揉5次。如此反复6遍。

（4）双手指尖向下，手掌贴住头两侧，将食指与中指略分开，轻贴两侧头皮将双耳夹住，其余手指并拢。双手上下按摩两耳轮数次，然后手掌向前滑动，以掌心将两耳轮向前按倒，紧掩双耳，渐渐加力后稍停，骤然放开。如此反复10遍。

（5）五指分开，将指间放在头皮上以手指代替梳子梳头。梳理的方法：分别从四周发迹线向头顶梳理，每个部位梳理5次后，将插入顶部头发中的手指并拢，用指缝夹住头发后轻轻向上提拉数次。如此反复5遍。

（6）右手拇指放在颈部肌肉左侧，其余放在颈部肌肉右侧，分别打圈揉捏颈部肌肉，并慢慢移至枕骨，双手拇指按揉风池穴后，双手叠按风府穴。如此反复6遍。

（7）双掌对合，掌心虚空，上下抖动手腕，以双掌侧（小手指外侧）着力，快速并有节奏地叩击头部。

五、按摩的要求及注意事项

1. 按摩的要求

（1）点穴要准确。

（2）按摩动作准确、熟练、连贯。

（3）节奏和频率适度。

（4）按摩力度要适合不同顾客的需要。

2. 按摩的注意事项与禁忌

（1）患有传染性疾病，被按摩部位有结核、肿瘤、皮肤病、炎症或皮肤损伤等症状者，禁忌按摩。

（2）不能经受按摩刺激者，患有严重高血压，心脏、肺、脑等重要器官疾病者，慎做按摩。

第3节　胡须的修饰

学习目标

- 了解胡须的修饰知识及方法
- 了解胡须修饰与脸形的配合
- 了解不同国家民俗的胡须修饰

知识要求

一、胡须修饰工具

修饰胡须的工具主要有剪刀、牙剪、梳子、剃刀、电推剪。

二、胡须的修饰知识和方法

（1）用梳子和牙剪打薄胡须。

（2）用剪刀把胡须修剪到合适的长度。

（3）用电推剪或剃刀把胡须修剃成一定式样。

三、胡须及式样

留胡须是一种喜好和个性的表现，一般留胡须的顾客大多数是络腮胡子，因

为必须有一定量的胡须才能修饰出一定的形态来。各种胡须的式样如图7—17所示。

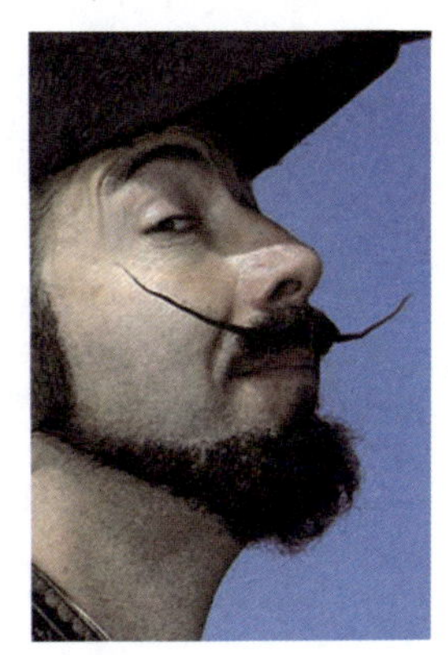

图7—17　各种胡须的式样

国内外常见胡须的形状有：南军上校式、全山羊式、尖头山羊式、八字山羊式、锚形式、方形山羊式、法国分叉式等。还有上窄下宽的络腮胡须、古荷兰胡须、短腮胡须、环形胡须、短络腮胡须、全范大克式胡须、全颊胡须、露出颏部的范大克式胡须以及现代时尚胡须。胡须的种类很多，有的是自然生长，不加修饰的长胡须等，如图7—18所示。

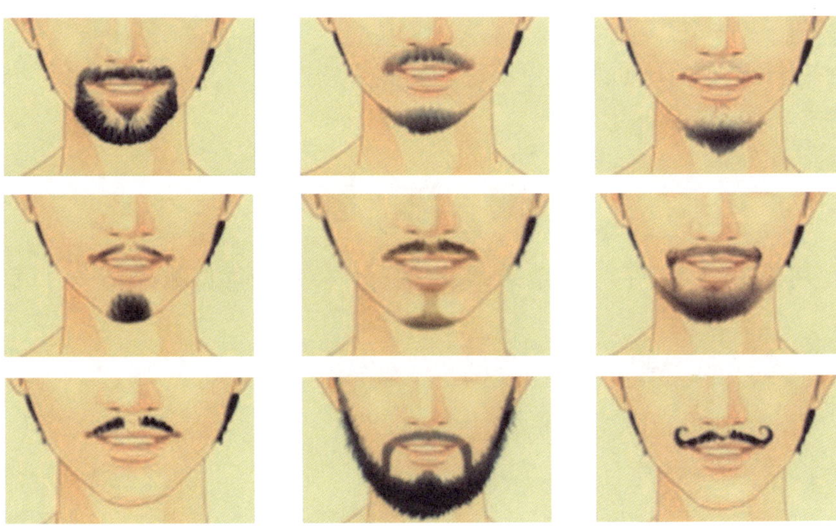

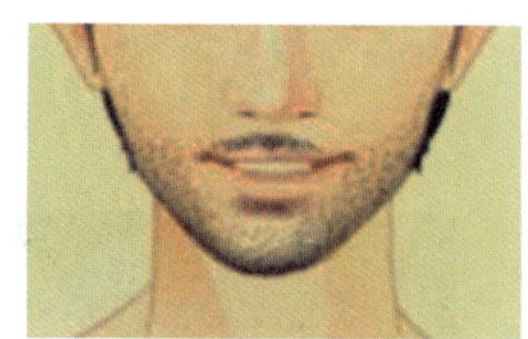
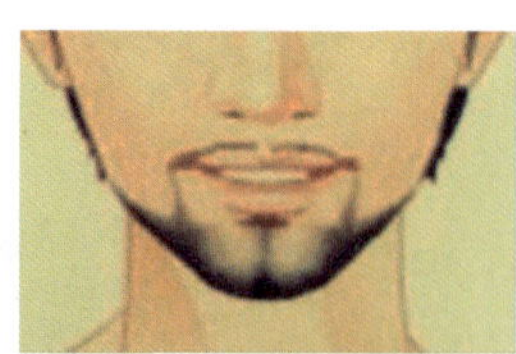
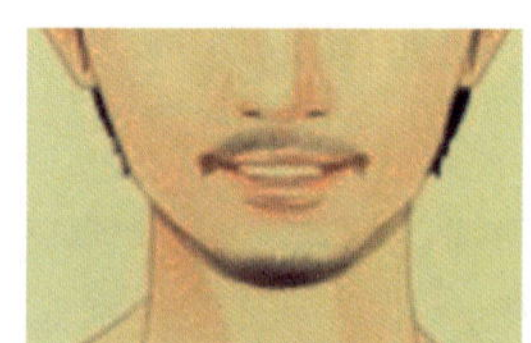
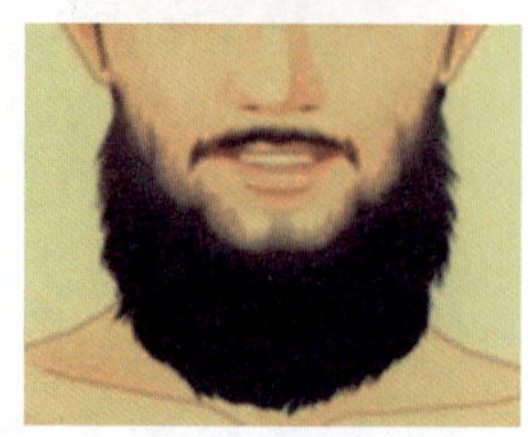

图7—18　国内外常见胡须的形状

四、胡须修饰的程序

用软粉笔在胡须部位的皮肤上画出所需设计的轮廓，先用电推剪推出上下部的轮廓，再用剃刀剃去不需要的部分，然后用剪刀和梳子剪出所需的长度，最后用剪刀剪齐边缘的线条。

五、注意事项

在用剃刀修饰胡须前，需用热毛巾揩擦并焐透胡须，以方便剃刀的修整并减少顾客的不舒服感。

测　试　题

一、判断题（请将判断结果填入括号中，正确的填“√”，错误的填“×”）

1. 浓度95%的乙醇可用于美容美发操作人员手部和高频玻璃电极、导入棒等美容器械以及剃刀、推剪等金属用品涂擦消毒。（　）

2. 剃刀的刀锋既薄且脆，容易因碰伤而产生缺口，因此使用前应先在刀布表面涂一层蜡，使剃刀润滑，不致伤及刀口，用过后要随时将刀折好，把锋口藏在刀窝口。（　）

3. 剃须膏使用方法比较复杂，先用温水将胡须部位拍湿后，再挤少量剃须膏均匀地涂抹在胡须上，待泡沫出现或稍等片刻后，即可开始刮须。（ ）

4. 磨刀石可分为：天然磨刀石、合成磨刀石、人造磨刀石。（ ）

5. 趟刀布可分为：帆布趟刀布、牛皮趟刀布、猪皮趟刀布、人造趟刀布。（ ）

6. 人造趟刀布是今日所用的最佳趟刀布之一。（ ）

7. 在一般的美发厅中，磨刀石可大体分为两种：一种是水磨石，另一种是干磨石。（ ）

8. 磨剃刀的方法有：顺口刀磨法和逆口刀磨法。（ ）

9. 反手刀：先按正手刀姿势握刀，再将手腕向内转，使手心略向内翻，刀口向外、向下偏斜，运用手腕做自内向外运动。（ ）

10. 剃须修面的程序包括：涂抹剃须泡沫，焐热毛巾，更换剃须刀片，再次涂抹剃须泡沫，剃须操作，用毛巾擦拭，修面操作，毛巾擦拭，面部按摩。（ ）

11. 作为一名有经验、有技能的美发师，必须根据实际情况来使用各种刀法。首先，应使用长刀——刀路要长，而不适宜用短刀。（ ）

12. 滚刀运用并不广泛，仅在修剃嘴唇周围处使用，初学者不宜使用。（ ）

13. 剃刀既可修面又可削发。（ ）

14. 正手刀与推刀基本上用“拉”的方法配合。（ ）

15. “拉”是用2～4根手指向外拉紧皮肤，以便剃刀修剃，这种方法最适合用于修剃上颌部位的胡须。（ ）

16. 人的胡须由于生理条件的不同而有差异，特殊胡须包括：浓密粗硬型、螺旋型、鸡皮肤型、黄褐色胡须、瘦人胡须等。（ ）

17. 当剃刀锋刃接触皮肤时，刀背应竖立着，不能侧过来。（ ）

18. 上关穴的位置：眉梢与外眼角之间，向后移1寸凹陷处。（ ）

19. 捏法有三指捏和五指捏两种。（ ）

20. 留胡须是一种喜好和个性的表现，一般留胡须的顾客大多数是络腮胡子，因为必须有一定量的胡须才能修饰出一定的形态来。（ ）

二、单项选择题（选择一个正确的答案，将相应的字母填入括号中）

1. 剃刀是美发师们所用的一种最为锐利和最易变钝的修面工具。共有（ ）种不同形式的剃刀。

A. 3 B. 4 C. 5 D. 6

2. 红外线消毒箱，温度>120℃，消毒时间（ ），主要用于剃刀推剪等金属制品。

A. 30 min B. 35 min C. 40 min D. 45 min

3. 趟刀布分为（ ）种。

A. 4 B. 3 C. 2 D. 1

4. 趟刀布趟刀时，左手要拉紧革砥的末端使其不会发生中间下垂的情况。趟刀时注意速度要（ ），力度要适当。

A. 快 B. 均匀 C. 慢 D. 适中

5. 绷紧皮肤的方法有（ ）种。

A. 3 B. 4 C. 1 D. 2

6. “（ ）”是用拇指、中指夹住一块皮肤连同肌肉一起捏住，使被捏部分皮肤鼓起，拿剃刀轻剃。这种手法常用于嘴唇四周部分。

A. 捏 B. 张 C. 拉 D. 拿

7. 反手刀基本上是用“（ ）”的方法配合。

A. 捏 B. 张 C. 拉 D. 拿

8. 一般长刀的运行距离为（ ）。

A. 3～5 cm B. 5～8 cm C. 7～10 cm D. 9～12 cm

9. 短刀摆动的幅度稍小一点，刀的运行线路稍短一点，一般在（ ）之间。

A. 9～12 cm B. 7～10 cm C. 5～8 cm D. 3～5 cm

10. （ ）在使用中并不普遍，仅在修剃下颌部及唇角部位处时才使用。

A. 削刀 B. 推刀 C. 滚刀 D. 反手刀

11. 正手刀：刀锋向下并略向内偏斜，呈（ ）角。

A. 20°～40° B. 25°～45° C. 30°～50° D. 35°～55°

12. 推刀：先按正手刀姿势握刀，不要转动刀身，将手腕自内向外翻转，使

手心向前，刀口向外、向下偏斜，运用手腕做（ ）运动。

A. 自上而下 B. 自下而上 C. 自内向外 D. 自外向内

13. （ ）：持刀姿势略像握笔。

A. 反手刀 B. 推刀 C. 滚刀 D. 削刀

14. 美发师的上肢操作姿势：将两臂抬起，与肩相平，两肘向胸前弯曲（ ）角，呈弧形，肌肉放松，呼吸均匀。

A. 75° B. 65° C. 55° D. 45°

15. 手腕练习时两臂与左手不动，右手手腕在平面上做（ ）摇摆运动。

A. 前后 B. 左右 C. 上下 D. 内外

16. 修面的操作程序在整个运刀过程中，最少不得少于（ ）。

A. 七十一刀半 B. 七十一刀 C. 七十二刀半 D. 七十二刀

17. （ ）一般都很粗硬，而且多数是络腮胡须，故在修剃前焐毛巾的时间要长，要焐透，必要时可用热毛巾再焐一次，直至皮肤呈红色。

A. 螺旋型 B. 黄褐色胡须 C. 瘦人胡须 D. 浓密型胡须

18. （ ）位置：鼻翼外旁开5 cm，鼻唇沟内。效果：清热散风，宣通鼻窍，预防感冒。适用于感冒、鼻炎、鼻塞、嗅觉不灵、口眼歪斜等病症。

A. 迎香穴 B. 上关穴 C. 下关穴 D. 四白穴

19. 按摩的常用手法有（ ）种。

A. 7 B. 8 C. 9 D. 10

20. 揉法分为（ ）种。

A. 4 B. 3 C. 2 D. 1

测试题答案

一、判断题

1. ×	2. √	3. ×	4. ×	5. ×	6. ×	7. ×
8. √	9. √	10. √	11. ×	12. ×	13. √	14. ×
15. ×	16. √	17. ×	18. ×	19. √	20. √	

二、单项选择题

1. A	2. A	3. A	4. B	5. A	6. A	7. B
8. C	9. D	10. A	11. B	12. C	13. D	14. A
15. B	16. C	17. D	18. A	19. B	20. C	

第8章 接 发

第 1 节　接发材料的鉴别与选择

学习目标

- 了解不同接发材质的特性及选配与使用方法
- 能够鉴别不同材质的接发材料
- 能够根据顾客的发质和对发型的要求选择合适的接发材料

知识要求

一、接发材料的分类

1. 按制造工艺区分

假发按制造工艺区分，可分为机制假发和手工假发两种，所用材料为化学纤维丝和人发两种，纤维以PVC和PET材料为主。

2. 按添加的阻燃剂区分

假发按添加的阻燃剂又可分为阻燃丝和不阻燃丝两种。

3. 按假发用途区分

假发按用途选配分为配件发、发片、发头套、接发等，国内一般把手工以人发为材料的假发接发统称为补发。

4. 按接发使用方法区分

接发按美发厅的使用方法及选配，产品一般有：发把、指甲发、鱼丝发、焊接发、PU条、发帘等。

二、发质、发色与接发

1. 判断顾客的发质

通过观察和触摸来确定顾客的头发是健康发、细软发、粗硬发、受损发等，这样更有利于接发的实施。

2. 观察顾客原有的发色

亚洲人的天然发一般从2°～4°，呈现不同程度的黑棕色。已染过头发，判断染过颜色的级别、色号以及染过头发的时间等，这样是为更准确选择假发的颜色。

三、接发材料的选择

1. 假发头套

假发头套适合整体改变顾客的发型，根据需要有多种选择，同样更适合发量稀少和脱发人群选用，如图8—1所示。

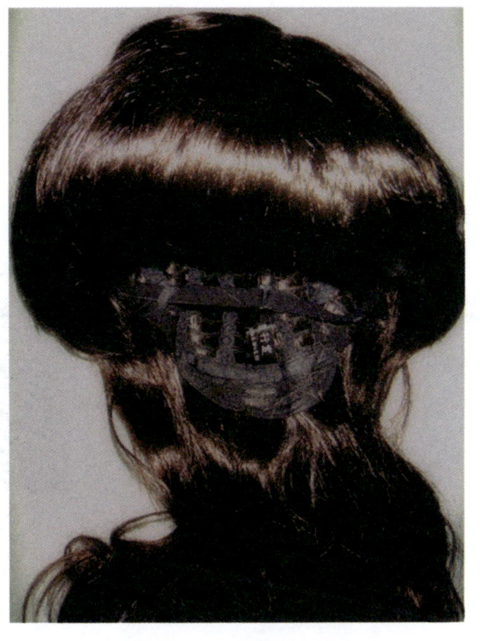

图8—1　假发头套

2. 发片接发

发片接发适合瞬间增加发量和改变发型的顾客选用，如图8—2所示。

图8—2 发片

3. 发束接发

发束接发适合较长期改变发型的顾客选用，如图8—3所示。

图8—3 发束

四、不同假发的作用及认识

（1）生发做的发制品。极不卫生。

（2）熟发做的发制品。经过氯氧化和还原反应，将头发表皮鳞片打去部

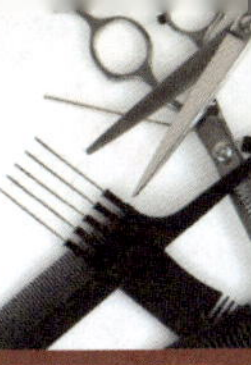

分，使之不易打结。

（3）指甲发制品。分“工”形、U形、圆柱形等。

（4）鱼丝发制品。使用尼龙扣子将接发系在顾客头上。

（5）焊接发制品。使用胶枪一根根地粘接假发。

（6）PU条。手工钩的一般较长，截取使用，用粘胶。

（7）发帘。机器加工出的头发帘子，材料可以是人发、动物毛或者化纤丝，可以染色。

五、注意事项

（1）根据顾客需求选择假发。

（2）根据实际情况选用假发。

（3）避免发色的偏差。

（4）注意选择假发的材质。

第 2 节　接发操作

学习单元1　接发的多种操作方法

学习目标

- 了解接发的相关知识
- 了解接发工具的知识
- 掌握接发的操作方法

知识要求

一、接发概述

1. 接发的发展

接发是近期由欧洲引进的发型技术，顾名思义，接发就是把头发接到自己的真头发上，瞬间达到从短发到长发的转变。接发用的头发可以是假发，也可以是真发，由于真发更加真实、柔顺，方便做染、烫操作并且易于洗护，因此现在更为普遍使用。

2. 接发的原理

接发的原理很简单，就是把加工过的真人头发“嫁接”到本来的头发上。需要将头发分成若干个小区，然后一绺一绺地拼接在一起，是一种“慢工细活”。

3. 接发的作用

接发可以满足那些想把短发变长、变厚，长发不需焗彩色油就可达到挑染效果的年轻人，但是如果顾客的头发长度过短就无法接发。

4. 接发的发质

发质分为真发与纤维丝两种，可以根据顾客的喜好选择。

（1）真发可进行烫发、染发及营养护理，并且容易梳理。

（2）纤维丝虽色彩艳丽但不易梳理。

5. 接发粘胶

接发时为了使接上去的头发与自然的发色协调，粘接用的胶根据发色的不同分为黑色、紫色、红色和黄色等数种。如果顾客厌倦了接出来的长发或彩色头发，美发师会用专业特制的药水把接发取下来。

6. 接发的种类

接发的种类有3种：胶粘、扣合、编织。这三种方式各有所长，编织技术较新，也更自然、牢固。每种方式接发都能保持一定的时间。

二、接发工具

1. 胶粘接发工具

胶粘接发的工具有胶枪、胶条、剪刀、电夹板、专用洗水等，如图8—4所示。

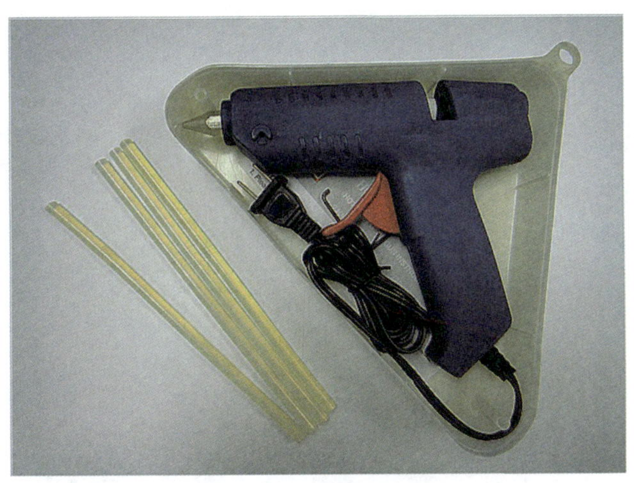

图8—4　胶条和胶枪

2. 扣合接发工具

扣合接发的工具有专用扣子（见图8—5）、钩针（见图8—6）、尖头钳（见图8—7）、剪刀、梳子等。

图8—5　专用扣子

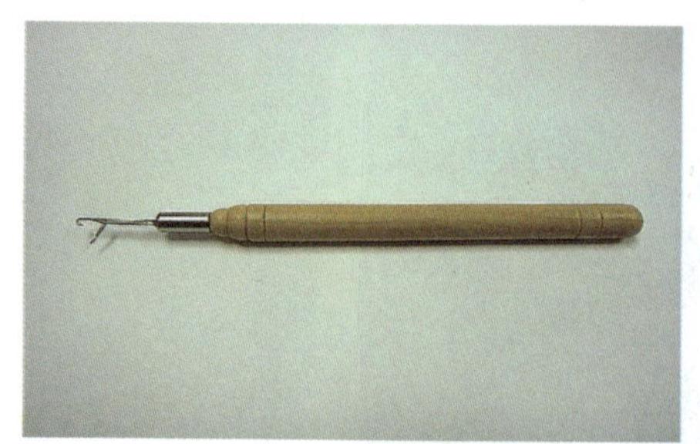

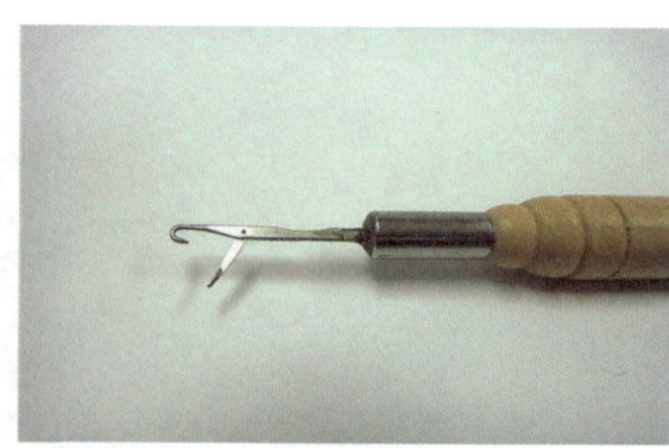

图8—6 钩针

图8—7 尖头钳

3. 编织接发工具

编织接发的工具有专用水晶丝线（见图8—8）、剪刀（见图8—9）、固定夹、喷水壶等。

图8—8 专用水晶丝线

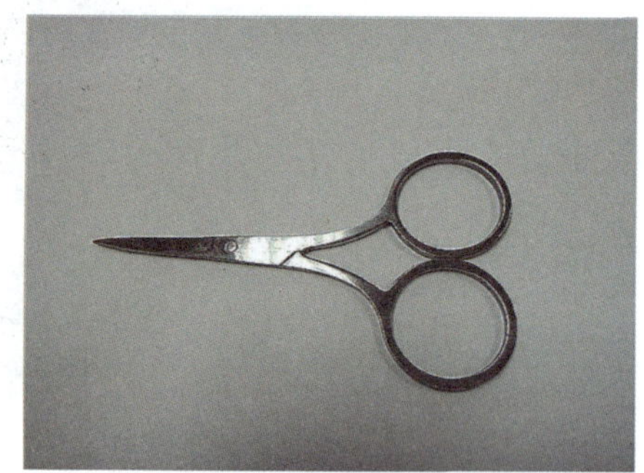

图8—9 剪刀

三、接发操作准备

1. 接发种类的选择

（1）编辫接发

1）保持时间。4～10个月。

2）优点。相当结实、自然，如果不是人为扯断，接上去的头发几乎不会掉落，而且与原发浑然一体，非常自然。比卡扣接发要舒适，因卡扣接发顾客睡觉会感觉硌，而编辫接发时美发师会把发辫处理得很扁，顾客躺着会更舒适。

3）缺点。衔接处有些厚，不容易清洗，因编发接近发根，头皮和接头的部分就不太容易清洗，也容易残留油脂和头皮屑，不易梳理。辫接较扣接更耗时费力。

（2）卡扣接发

1）保持时间。3～4个月。

2）优点。透气性好，也较轻盈，发缕间很通透，接发量多，也不会感觉闷热。卡扣接发耗时较辫接短。如原有头发稍短点也可以扣接，因为是直接连接不用编入，比辫接对发长的要求低些。不会有紧绷感，因为卡扣要距头皮大约1 cm，所以不会特别牵扯，卡扣重量极轻使人可以忍受，只要头皮不过于敏感都可扣接。头皮较易清洗，相对编辫接发，卡扣接发因为留有些空隙，所以比较好清洁，不会让洗发水、护发素之类美发用品残留。

3）缺点。没有编辫接发结实，卡扣接发后，一般会有发束不时掉落，影响接发的效果。

（3）发片接发

1）保持时间。随时接装、卸除。

2）优点。节时省力，非常方便，还可重复利用，不浪费。效果自然，因为是整片接上去，所以很少会出现一缕缕不自然的样子。

3）缺点。不太牢固，市场上许多发片自带卡子，容易滑落。一般美发厅目前只有扣接、辫接项目，想接发片只能去一些专业假发店，或者靠美发师帮忙。

（4）挑染接发

1）保持时间。随时接装、卸除。

2）优点。个性，有创意。选择接发颜色范围广，变装更容易，变化余地很大。

3）缺点。发色选择需专业，才能展现发型设计。

2. 接发工具的准备

（1）编辫接发的工具有固定夹、梳子、喷水壶、专用水晶丝线、剪刀。

（2）卡扣接发的工具有固定夹、梳子、喷水壶、钩针、专用扣子、尖头钳、剪刀、梳子。

（3）发片接发的工具有固定夹、梳子、卡子。

（4）挑染接发的工具分为卡扣和编辫两种。

四、接发操作步骤

1. 接发的步骤

（1）接发时，首先将头发分成“V”字形，然后根据已设计好的发型从一侧开始将头发挑少许进行接发。

（2）待全部的头发接完后，再根据发型设计略加修剪。

（3）接出来的秀发可随意烫发、染发和进行营养护理。

2. 真假发的衔接

（1）编辫接发的方式。将发束通过编三股辫编入真发之中，再用专用水晶丝线扎结固定，这是时下最流行的一种接法。

（2）卡扣接发的方式。用小卡扣将一缕缕真假发扣接在一起，用钳子捏扁固定。

（3）发片接发的方式。将长串发片一排排固定在头发上，用卡扣或者自带的卡子固定。

（4）挑染接发的方式。用彩色发束接出挑染效果。

五、接发操作方法

1. 胶粘接发

胶粘接发是先将接发使用的头发分成一小缕一小缕，然后使用胶枪加热胶条后，抹在一小缕头发的根部，在适当位置取同样发量的真发，迅速将头发接在真发的发根处，距离头皮至少要1 cm左右，粘胶剂会迅速凝固，这样一缕头发就接好了。如果不需要时，可让美发师用电夹板加热粘胶剂使之融化，或者用特制的洗水抹在连接处，将头发一缕一缕取下，如图8—10所示。

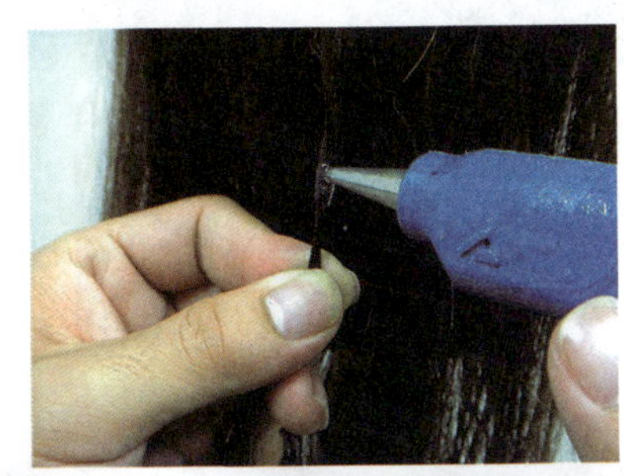

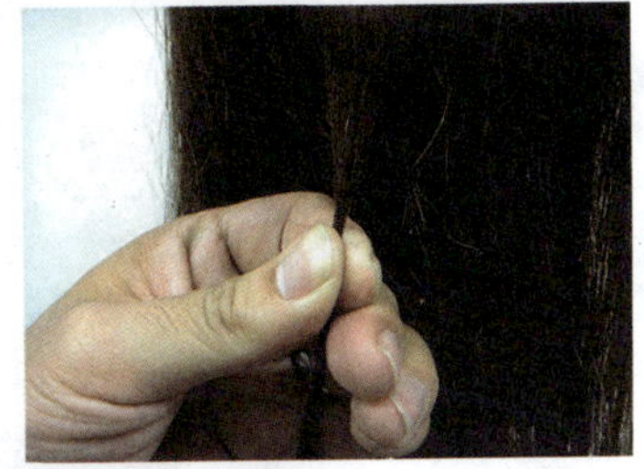

图8—10　胶粘接发操作步骤

2. 扣合接发

扣合接发是把头发分成小缕，用特制的扣子将要接的长发固定连接在真发的发根处，距离头皮至少要1 cm左右，头顶的头发会自然垂落盖住扣子。这样接发的好处在于以后不要时，可以更加方便地取下扣子和接发，如图8—11所示。

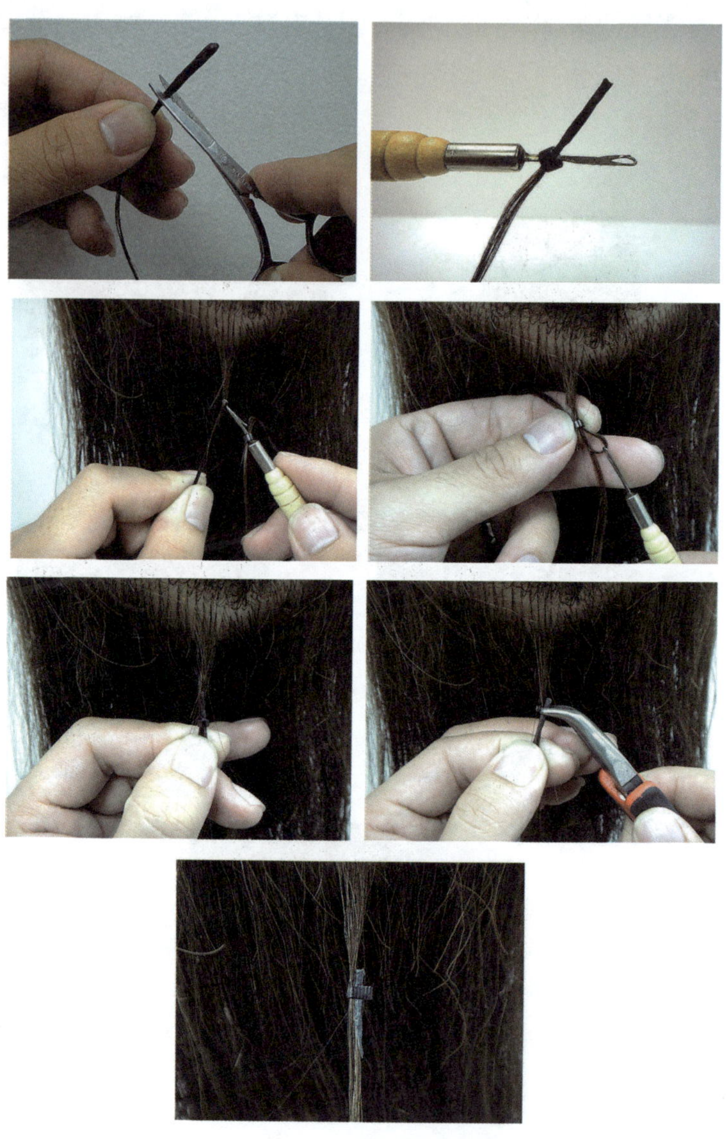

图8—11　扣合接发操作

3. 编织接发

编织接发是将发束编入真发之中，用专用水晶丝线固定扎结，这是现在最普遍的一种接发方法，如图8—12所示。

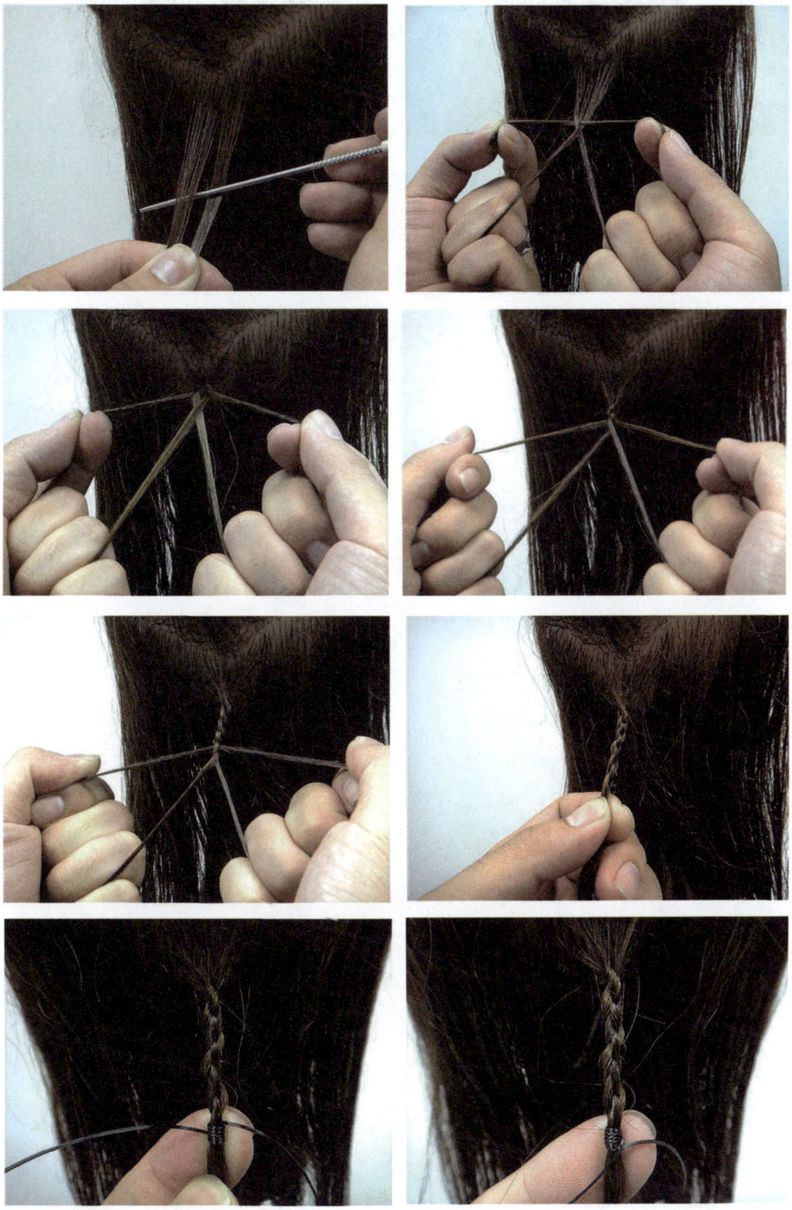

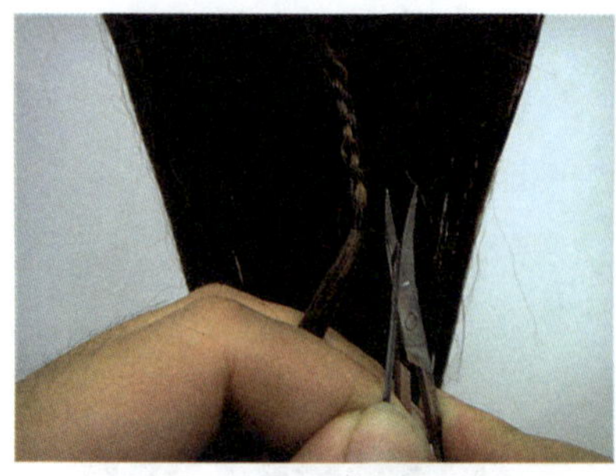

图8—12　编织接发操作步骤

学习单元2　接发效果检查

学习目标

- 了解不同失误的补救措施
- 能够检查接发效果并做接发调整

知识要求

一、接发效果的检查方法

（1）扣子接发的检查方法主要是扣接的牢固度、平整度与自然度。

（2）编织接发的检查方法主要是辫子的紧实度、平齐度与自然度。

（3）发片接发的检查方法主要是卡子的紧固度、平滑度与自然度。

二、接发的调整方法

（1）调整发型自然度的方法是均衡接发量的对称性。

（2）调整衔接处牢度的方法是均衡接发时的力度感。

（3）调整衔接处服帖度的方法是均衡接发时的角度。

三、接发问题的鉴别和原因分析

1. 接发问题的鉴别

（1）一般靠观察顾客发型的自然度就能鉴别接发的问题所在。

（2）衔接处的牢度出问题一般使接发较松、易掉，如图8—13所示。

图8—13　衔接处的牢度出问题

（3）衔接处的服帖度出问题一般使接发不平，如图8—14所示。

图8—14　衔接处的服帖度出问题

2. 接发出现问题的原因

（1）衔接处不牢、不紧、不实主要是操作不当所致。

（2）衔接处不平服主要是操作角度不当所致。

四、补救措施

1. 不同失误的补救措施

（1）扣子接发失误的补救措施是取下扣子重新再接发。

（2）编织接发失误的补救措施是解开辫子重新再接发。

（3）发片接发失误的补救措施是取下卡子重新再接发。

2. 接发效果补救措施

（1）均衡接发量对称性的补救措施是分区、分份调整发束的质量。

（2）均衡接发时力度感的补救措施是尽量增加对发束的控制力度。

（3）均衡接发时角度的补救措施是尽量放低对发束的控制角度。

五、接发保持的注意事项

1. 接发后的护理

接好后的头发在正确的护理下可保持更久，必须做到以下7点：

（1）每天梳理头发用的梳子必须为圆头行距宽的，梳理时不要用力过大，否则会导致头发损落。

（2）洗发水和护发素必须为酸性。

（3）不要在阳光下暴晒时间过长。

（4）吹发时风筒不要离接发根处太近。

（5）洗发时不要用力抓挠接发根处。

（6）假发片需要定期护理，专业假发店买来的假发片，可以定期送回去用专业清洗剂来清洁。如果是一般小店里买来的，可以用滋润型的洗发水。先把发片浸泡在凉水里几分钟，重新换水后滴入2滴洗发水，用手搅匀后泡泡就好，最后放在通风处自然阴干。

（7）手边常备顺发喷雾，接发的不自在之一就是不能大肆梳理头发，有顺发喷雾在手就方便得多，用手指疏通即可。

2. 洗发时的注意事项

（1）洗发靠顺不靠揉，洗发时一定先在手心里把洗发水搓出泡沫，然后均匀涂在头发上，从上至下轻轻捋着洗。

（2）接发也要用护发素，因为接上去的是真发，用适量的护发素会让头发更顺滑，不易打结。

（3）先用干毛巾吸干水分，准备把大齿梳子，别一梳到底，最好用一只手配合抓住衔接处。

测　试　题

一、判断题（请将判断结果填入括号中，正确的填“√”，错误的填“×”）

1. 假发发片适合整体改变顾客的发型，根据需要有多种选择，同样更适合发量稀少和脱发人群选用。（　）

2. 假发按用途选配分为配件发、发片、发头套、接发等，国内一般把手工以人发为材料的假发接发统称为“嫁接”。（　）

3. 通过观察和触摸来确定顾客的头发是健康发、细软发、粗硬发、受损发等，这样更有利于接发的实施。（　）

4. 假发按制造工艺区分，可分为机制假发和手工假发两种。（　）

5. 生发做的发制品：经过氯氧化和还原反应，将头发表皮鳞片打去部分，使之不易打结。（　）

6. 接发就是把头发接到自己的真头发上，瞬间达到从短发到长发的转变。接发用的头发只可以是真发。（　）

7. 焊接发制品：使用胶枪一根根地粘接假发。（　）

8. 接发的原理很简单，就是把加工过的真人头发“嫁接”到本来的头发上。（　）

9. 真发可进行烫发、染发及营养护理，并且容易梳理。（　）

10. 接发可以满足那些想把短发变长、变厚，长发不需焗彩色油就可达到挑染效果的年轻人，即使顾客的头发长度过短也能接发。（　）

11. 胶粘接发的工具有胶枪、胶条、剪刀、电夹板、专用洗水等。（　）

12. 编织接发是将发束编入真发之中，用专用水晶丝线固定扎结，这是现在最普遍的一种接发方法。（　）

13. 卡扣接发的缺点：接发后，一般会有发束不时掉落，影响接发的效果。（　）

14. 卡扣接发的缺点：衔接处有些厚，不容易清洗，因编发接近发根，头皮和接头的部分就不太容易清洗，也容易残留油脂和头皮屑，不易梳理。（　）

15. 发片接发的保持时间：随时接装、卸除。（　）

16. 发片接发的优点：个性，有创意。选择接发颜色范围广，变装更容易，变化余地很大。（　）

17. 卡扣接发的方式：用小卡扣将一缕缕真假发扣接在一起，用钳子捏扁固定。（　）

18. 编织接发失误的补救措施是解开辫子重新再接发。（　）

19. 接发衔接处的牢度出问题一般使接发较松、易掉。（　）

20. 均衡接发时角度的补救措施是尽量抬高对发束的控制角度。（　）

二、单项选择题（选择一个正确的答案，将相应的字母填入括号中）

1. 假发按照添加的阻燃剂又可分为（　）种。

A. 2　B. 3　C. 4　D. 5

2. 亚洲人的天然发一般从（　），呈现不同程度的黑棕色。

A. 1°～3°　B. 2°～4°　C. 3°～5°　D. 4°～6°

3. （　）适合瞬间增加发量和改变发型的顾客选用。

A. 发束接发　B. 假发头套　C. 发片接发　D. 编织接发

4. 假发的发质分为（　）种，可以根据顾客的喜好选择。

A. 5　B. 4　C. 3　D. 2

5. 扣合接发的工具有（　）等。

A. 喷水壶　B. 水晶丝线　C. 钩针　D. 固定夹

6. 编织接发的工具有（　）等。

A. 梳子　B. 剪刀　C. 尖头钳　D. 专用扣子

7. 胶粘接发是先将接发使用的头发分成一小缕一小缕，然后使用胶枪加热胶条后，抹在一小缕头发的根部，在适当位置取同样发量的真发，迅速将头发接在真发的发根处，距离头皮至少要（　）cm左右，粘胶剂会迅速凝固，这样一缕头发就接好了。

A. 1　B. 2　C. 3　D. 4

8. 编辫接发：保持时间（　）个月。

A. 3～9　B. 4～10　C. 5～11　D. 6～12

9. （　）的优点：相当结实、自然，如果不是人为扯断，接上去的头发几乎不会掉落，而且与原发浑然一体，非常自然。

A. 胶粘接发　B. 卡扣接发　C. 编辫接发　D. 发片接发

10. 卡扣接发：保持时间（　）个月。

A. 0～1　B. 1～2　C. 2～3　D. 3～4

11. （　）的优点：透气性好，也较轻盈，发缕间很通透，接发量多，也不会感觉闷热。

A. 编辫接发　B. 胶粘接发　C. 卡扣接发　D. 发片接发

12. （　）的优点：节时省力，非常方便，还可重复利用，不浪费。

A. 卡扣接发　B. 发片接发　C. 编辫接发　D. 胶粘接发

13. （　）的缺点：不太牢固。

A. 发片接发　B. 卡扣接发　C. 挑染接发　D. 编辫接发

14. （　）的优点：个性，有创意。选择接发颜色范围广，变装更容易，变化余地很大。

A. 卡扣接发　B. 挑染接发　C. 编辫接发　D. 发片接发

15. 编辫接发的方式：将发束通过编（　）股辫编入真发之中，再用专用水晶丝线扎结固定，这是时下最流行的一种接法。

A. 2　B. 4　C. 3　D. 5

16. 衔接处的（　）出问题一般使接发不平。

A. 光滑度　B. 自然度　C. 牢度　D. 服帖度

17. 衔接处（　）的问题主要是操作角度不当所致。

A. 不光滑　　B. 不牢　　C. 不平服　　D. 不自然

18. 调整衔接处牢度的方法是均衡接发时的（　）。

A. 对称性　　B. 力度感　　C. 角度　　D. 松紧度

19. 接发后的护理洗发水和护发素必须为（　）性。

A. 酸　　B. 碱　　C. 中　　D. 弱碱

20. 接发后的护理吹发风筒不要离接发根处（　）。

A. 太远　　B. 太近　　C. 过高　　D. 过低

测试题答案

一、判断题

1. × 2. × 3. √ 4. √ 5. × 6. × 7. √
8. √ 9. √ 10. × 11. √ 12. √ 13. √ 14. ×
15. √ 16. × 17. √ 18. √ 19. √ 20. ×

二、单项选择题

1. A 2. B 3. C 4. D 5. C 6. B 7. A
8. B 9. C 10. D 11. C 12. B 13. A 14. B
15. C 16. D 17. C 18. B 19. A 20. B